U0296789

水处理实验技术

主　审　　张秀玲　　李洪亮　　辛炳炜　　陈　强
主　编　　王爱丽　　刘歆瑜
副主编　　王　芳　　王文强　　李春辉

西南交通大学出版社
·成都·

图书在版编目（ＣＩＰ）数据

水处理实验技术 / 王爱丽，刘歆瑜主编. —成都：
西南交通大学出版社，2018.8（2022.7 重印）
ISBN 978-7-5643-6325-3

Ⅰ. ①水… Ⅱ. ①王… ②刘… Ⅲ. ①水处理 – 实验
– 高等学校 – 教材 Ⅳ. ①TU991.2-33

中国版本图书馆 CIP 数据核字（2018）第 180200 号

水处理实验技术

主　编／王爱丽　刘歆瑜　　　　责任编辑／牛　君
　　　　　　　　　　　　　　　封面设计／墨创文化

西南交通大学出版社出版发行

（四川省成都市金牛区二环路北一段 111 号西南交通大学创新大厦 21 楼　610031）
发行部电话：028-87600564　028-87600533
网址：http://www.xnjdcbs.com
印刷：成都蜀通印务有限责任公司

成品尺寸　185 mm×260 mm
印张　9　　字数　192 千
版次　2018 年 8 月第 1 版　　印次　2022 年 7 月第 2 次

书号　ISBN 978-7-5643-6325-3
定价　26.00 元

课件咨询电话：028-81435775
图书如有印装质量问题　本社负责退换
版权所有　盗版必究　举报电话：028-87600562

前　言

　　"水处理实验技术"是高等学校环境工程、给排水工程等专业的必修课程，是"水污染控制工程"课程教学的重要组成部分。本课程教学可以加深学生对水处理技术基本原理的系统理解；培养学生设计和组织水处理实验、水处理技术应用方案的初步能力，培养学生进行水处理实验的一般技能及使用实验仪器、设备的基本能力；培养学生分析、处理实验数据以及指导实际技术应用的基本能力。

　　党的"十九"大明确提出"加快水污染防治，实施流域环境和近岸海域综合治理"。本教材紧扣时代要求，落实国家战略，教材内容根据环境工程类专业教材编审委员会制定的"水污染控制工程实验教学基本要求"，依托2015年教育部人文社会科学研究专项任务项目（工程科技人才培养研究）——新建本科校企"双螺旋递进式"培养工程人才机制研究（15JDGC021）研究项目，结合编者在教学、科研工作中的体会以及我国水污染控制的实际需要编写而成。全书内容主要包括概论、实验设计、误差与实验数据处理、废水的物理及物理化学方法实验和废水的生物化学方法实验五章。本书的编写重视经典理论的传承和新技术、新工艺的引进，实验包含混凝沉淀、自由沉淀、絮凝沉淀、成层沉淀、折点加氯、离子交换软化、过滤、紫外-双氧水脱色、活性炭吸附、Fenton氧化、曝气充氧、活性污泥性质、污泥比阻、SBR、氧化沟共16项实验内容，兼顾了化学、物理、物理化学和生物化学的各种主要理论和工艺技术。力求做到实验目的明确、原理清晰、步骤简明。另外，本书将水处理实验中涉及的重要分析化学实验附于书后（附录B-H），便于学生理解和查验，起到事半功倍之效。

　　本书由王爱丽、刘歆瑜主编。王芳、王文强等参加了部分工作，本教材插图由王芳绘制。本书由德州学院张秀玲教授、李洪亮教授、辛炳炜教授以及兰州大学陈强教授等主审。此外，本书在编写过程中得到了德州市环境类相关企业的支持，并有多年从事污水处理工作的上实环境（德州）污水处理有限公司高级工程师刘强、中海环境科技（上海）股份有限公司工程师寇英卫和中国科学院青岛生物能源与过程研究所副研究员杨艳丽参与了教材的编写工作；在教材编写过程中还得到了化学化工学院其他老师的支持与帮助，在此表示衷心感谢。

本书适合作为高等院校相关专业师生的实验教学参考书，也可供从事环境类相关学科的研究生、科研工作人员、工程设计人员以及专业技术人员参考。

由于编者水平有限，书中疏漏之处在所难免，敬请读者批评指正。

编　者

2018 年 3 月

目　录

第一章 概　论

一、实验目的和任务

"水处理实验技术"是环境工程专业的专业必修课，是水处理教学的重要组成部分，是培养环境工程技术人员所必需的课程。本课程可以加深学生对水处理技术基本原理的理解；培养学生设计和组织水处理实验方案的初步能力；培养学生进行水处理实验的一般技能及使用实验仪器、设备的基本能力；培养学生分析实验数据与处理数据的基本能力。

二、实验教学基本要求

本课程的教学环节以学生动手操作实验为主，辅以必要的课堂讲授、自学、现场指导，质疑和综合考查等。通过上述基本教学步骤，要求学生掌握水处理实验基本的实验技术，验证和巩固专业理论知识，为今后从事环境工程专业的科研、工程设计和技术开发工作奠定良好的实践基础。

（1）掌握各种常规水处理仪器设备的原理和使用方法。

（2）了解各种水处理实验的基本原理。

（3）学会整理、分析实验结果和编写实验报告。

（4）实验前要求学生预习实验指导书，做到充分准备后方能参加实验。

三、实验室安全常识

在实验室里，安全是非常重要的，它常常潜藏着诸如发生爆炸、着火、中毒、灼伤、割伤、触电等事故的危险性。

1．安全用电常识

违章用电常常可能造成人身伤亡、火灾、损坏仪器设备等严重事故。水处理实验室使用电器较多，特别要注意安全用电。为了保障人身安全，一定要遵守实验室安全规则。

（1）防止触电

① 不用潮湿的手接触电器。

② 电源裸露部分应有绝缘装置（例如电线接头处应裹上绝缘胶布）。

③ 所有电器的金属外壳都应保护接地。

④ 实验时，应先连接好电路再接通电源。实验结束时，先切断电源再拆线路。

⑤ 修理或安装电器时，应先切断电源。

⑥ 不能用试电笔去试高压电。使用高压电源应有专门的防护措施。

⑦ 如有人触电，应迅速切断电源，然后进行抢救。

（2）防止引起火灾

① 使用的保险丝要与实验室允许的用电量相符。

② 电线的安全通电量应大于用电功率。

③ 室内若有氢气、煤气等易燃易爆气体，应避免产生电火花。继电器工作和开关电闸时，易产生电火花，要特别小心。电器接触点（如电插头）接触不良时，应及时修理或更换。

④ 如遇电线起火，立即切断电源，用沙或二氧化碳、四氯化碳灭火器灭火，禁止用水或泡沫灭火器等导电液体灭火。

（3）防止短路

① 线路中各接点应牢固，电路元件两端接头不要互相接触，以防短路。

② 电线、电器不要被水淋湿或浸在导电液体中，例如，实验室加热用的灯泡接口不要浸在水中。

（4）电器仪表的安全使用

① 在使用前，先了解电器仪表要求使用的电源是交流电还是直流电，是三相电还是单相电，以及电压的大小（380 V、220 V、110 V 或 6 V）。弄清电器功率是否符合要求及直流电器仪表的正、负极。

② 仪表量程应大于待测量。待测量大小不明时，应从最大量程开始测量。

③ 实验之前要检查线路连接是否正确。经教师检查同意后方可接通电源。

④ 在电器仪表使用过程中，如发现有不正常声响，局部升温或嗅到绝缘漆过热产生的焦味，应立即切断电源，并报告教师进行检查。

2．使用化学药品的安全防护

（1）防毒

① 实验前，应了解所用药品的毒性及防护措施。

② 操作有毒气体（如 H_2S、Cl_2、Br_2、NO_2、浓 HCl 和 HF 等）应在通风橱内进行。

③ 苯、四氯化碳、乙醚、硝基苯等的蒸气会引起中毒。它们虽有特殊气味，但久嗅会使人嗅觉减弱，所以应在通风良好的情况下使用。

④ 有些药品（如苯、有机溶剂、汞等）能透过皮肤进入人体，应避免与皮肤接触。

⑤ 氰化物、高汞盐[$HgCl_2$、$Hg(NO_3)_2$等]、可溶性钡盐（$BaCl_2$）、重金属盐（如镉、铅盐）、三氧化二砷等剧毒药品，应妥善保管，使用时要特别小心。

⑥ 禁止在实验室内喝水、吃东西。饮食用具不要带进实验室，以防毒物污染。离开实验室及饭前要洗净双手

（2）防爆

可燃气体与空气混合，当两者比例达到爆炸极限时，受到热源（如电火花）的诱发，就会引起爆炸。

① 使用可燃性气体时，要防止气体逸出，室内通风要良好。

② 操作大量可燃性气体时，严禁同时使用明火，还要防止发生电火花及其他撞击火花。

③ 有些药品如高氯酸盐、过氧化物等受震和受热都易引起爆炸，使用时要特别小心。

④ 严禁将强氧化剂和强还原剂放在一起。

⑤ 久藏的乙醚使用前应除去其中可能产生的过氧化物。

⑥ 进行容易引起爆炸的实验，应有防爆措施。

（3）防火

① 许多有机溶剂如乙醚、丙酮、乙醇、苯等非常容易燃烧，大量使用时室内不能有明火、电火花或静电放电。实验室内不可存放过多这类药品，用后要及时回收处理，不可倒入下水道，以免聚集引起火灾。

② 有些物质如磷、金属钠、钾、电石及金属氢化物等，在空气中易氧化自燃。还有一些金属如铁、锌、铝等粉末，比表面积大，也易在空气中氧化自燃。这些物质要隔绝空气保存，使用时要特别小心。

实验室如果着火不要惊慌，应根据情况进行灭火。常用的灭火剂有：水、沙、二氧化碳灭火器、四氯化碳灭火器、泡沫灭火器和干粉灭火器等，可根据起火的原因选择使用。以下几种情况不能用水灭火：

a. 金属钠、钾、镁、铝粉、电石、过氧化钠着火，应用干沙灭火。

b. 密度比水小的易燃液体，如汽油、笨、丙酮等着火，可用泡沫灭火器。

c. 有灼烧的金属或熔融物的地方着火，应用干沙或干粉灭火器。

d. 电器设备或带电系统着火，可用二氧化碳灭火器或四氯化碳灭火器。

e. 强酸、强碱、强氧化剂、溴、磷、钠、钾、苯酚、冰醋酸等都会腐蚀皮肤，注意防止溅入眼内。液氧、液氮等的低温也会严重灼伤皮肤，使用时要小心。万一灼伤应及时治疗。

第二章　实验设计

实验是解决水处理问题必不可少的一个重要手段，通过实验可以：

（1）找出影响实验结果的因素及各因素的主次关系，为水处理方法揭示内在规律，建立理论基础。

（2）寻找各因素的最佳量，以使水处理方法在最佳条件下实施，达到高效、省能，从而节省土建与运行费用。

（3）确定某些数学公式中的参数，建立经验式，以解决工程实际中的问题等。

在实验安排中，如果实验设计得好，次数不多，就能获得有用信息，通过实验数据的分析，可以掌握内在规律，得到满意结论；如果实验设计得不好，次数较多，也摸索不到其中的变化规律，得不到满意的结论。因此，如何合理地设计实验，实验后又如何对实验数据进行分析，以用较少的实验次数达到我们预期的目的，是值得研究的一个问题。

优化实验设计，就是一种在实验进行之前，根据实验中的不同问题，利用数学原理，科学地安排实验，以求迅速找到最佳方案的科学实验方法。它对于节省实验次数，节省原材料，较快得到有用信息是非常必要的。由于优化实验设计法为我们提供了科学安排实验的方法，因此，近年来优化实验设计越来越被科研人员重视，并得到广泛的应用。优化实验设计打破了传统均分安排实验的方法，其中单因素的 0.618 法和分数法、多因素的正交实验设计法在国内外已广泛应用于科学实验，取得了很好的效果。本章将重点介绍这些内容。

第一节　实验设计的基本概念

1．实验方法

通过做实验获得大量的自变量与因变量一一对应的数据，以此为基础来分析整理并得到客观规律的方法，称为实验方法。

2．实验设计

实验设计是指为节省人力、财力，迅速找到最佳条件，揭示事物内在规律，根据实验中不同问题，在实验前利用数学原理科学编排实验的过程。

3．指　标

在实验设计中用来衡量实验效果好坏所采用的标准称为实验指标（或简称指标）。例如，天然水中存在大量胶体颗粒，使水浑浊，为了降低浑浊度，需往水中投放混凝剂药物，当实验目的是求最佳投药量时，水样中剩余浊度即可作为实验指标。

4．因　素

对实验指标有影响的条件称为因素。例如，在水中投入适量的混凝剂可降低水中的浊度，因此水中投加的混凝剂即可作为分析的实验因素。有一类因素，在实验中可以人为地加以调节和控制，如水质处理中的投药量，叫作可控因素；另一类因素，由于自然条件和设备等条件的限制，暂时还不能人为地调节，如水质处理中的气温，叫作不可控因素。在实验设计中，一般只考虑可控因素。因此，今后说到因素，凡没有特别说明的，都是指可控因素。

5．水　平

因素在实验中所处的不同状态，可能引起指标的变化，因素变化的各种状态叫作因素的水平。某个因素在实验中需要考察它的几种状态，就叫它是几水平的因素。

因素的各个水平有的能用数量来表示，有的不能用数量来表示。例如，有几种混凝剂可以降低水的浑浊度，现要研究哪种混凝剂较好，各种混凝剂就表示混凝剂这个因素的各个水平，不能用数量表示。凡是不能用数量表示水平的因素，叫作定性因素。在多因素实验中，经常会遇到定性因素。对定性因素，只要对每个水平规定具体含义，就可与通常的定量因素一样对待。

6．因素间交互作用

实验中所考察的各因素相互间没有影响，则称因素间没有交互作用，否则称为因素间有交互作用，并记为 A（因素）$\times B$（因素）。

第二节　单因素优化实验设计

对于只有一个影响因素的实验，或影响因素虽多但在安排实验时，只考虑一个对指标影响最大的因素，其他因素尽量保持不变的实验，即为单因素实验。我们的任务是如何选择实验方案来安排实验，找出最优实验点，使实验的结果（指标）最好。

在安排单因素实验时，一般考虑三方面的内容：

（1）确定包括最优点的实验范围。设下限用 a 表示，上限用 b 表示，实验范围就用由 a 到 b 的线段表示，记作$[a，b]$。若 x 表示实验点，则写成 $a \leqslant x \leqslant b$，如果不考虑端点 a、b，就记成（a、b）或 $a < x < b$（图 2-1）。

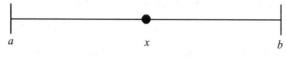

图 2-1　单因素实验范围

（2）确定指标。如果实验结果（y）和因素取值（x）的关系可写成数学表达式 $y = f(x)$，称 $f(x)$ 为指标函数（或称目标函数）。根据实际问题，在因素的最优点上，以指标函数 $f(x)$ 取最大值、最小值或满足某种规定的要求为评定指标。对于不能写成指标函数甚至实验结果不能定量表示的情况，例如，比较水库中水的气味，就要确定评定实验结果好坏的标准。

（3）确定实验方法，科学地安排实验点。本节主要介绍单因素优化实验设计方法。内容包括均分法、对分法、0.618 法和分数法。

一、均分法

均分法的做法如下：如果要做 n 次实验，就把实验范围等分成 $n+1$ 份，在各个分点上做实验。如图 2-2。

图 2-2　均分法实验点

实验点 x_i 的计算公式为

$$x_i = a + \frac{b-a}{n+1}i \tag{2-1}$$

把 n 次实验结果进行比较，选出所需要的最好结果，相对应的实验点即为 n 次实验中最优点。

均分法是一种古老的实验方法。优点是只需把实验放在等分点上，实验可以同时安排，也可以一个接一个地安排；其缺点是实验次数较多，代价较大。

二、对分法

对分法的要点是每次实验点取在实验范围中点。若实验范围为$[a，b]$，中点公式为

$$x = \frac{a+b}{2} \tag{2-2}$$

采用这种方法，每次可去掉实验范围的一半，直到取得满意的实验结果为止。但是用对分法是有条件的，它只适用于每做一次实验，根据结果就可确定下次实验方向的情况。

如某种酸性污水，要求投加碱，调整 pH = 7 ~ 8，加碱量范围为$[a，b]$，试确定最佳投药量。若采用对分法，第一次加药量 $x_1 = \dfrac{a+b}{2}$，加药后水样 pH < 7（或 pH > 8），则加药范围中小于 x_1（或大于 x_1）的范围可舍弃，而取另一半重复实验，直到满意为止。

三、0.618 法

单因素优选法中，对分法的优点是每次实验可以将实验范围缩短一半；缺点是要求每次实验能确定下次实验的方向。有些实验不能满足这个要求，因此，对分法的应用受到一定限制。

科学实验中，有相当普遍的一类实验，目标函数只有一个峰值，在峰值的两侧实验效果都差，将这样的目标函数称为单峰函数（图 2-3）。

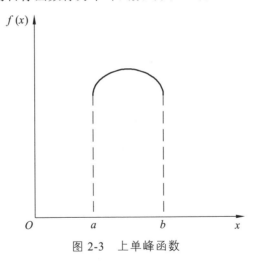

图 2-3　上单峰函数

0.618 法适用于目标函数为单峰函数的情形。其做法如下：

（1）确定实验范围（在一般情况下，通过预实验或其他先验信息，确定了实验范围$[a，b]$；

（2）选实验点（这一点与前述均分、对分法的不同处在于它是按 0.618、0.382 的特殊位置定点的，一次可得出两个实验点 x_1，x_2 的实验结果）（图 2-4），即

$$x_1 = a + 0.618(b - a) \tag{2-3}$$

$$x_2 = a + 0.382(b - a) \tag{2-4}$$

图 2-4   0.618 第 1、2 个试验点分布

（3）根据"留好去坏"的原则对实验结果进行比较，留下好点，从坏点处将实验范围去掉，从而缩小实验范围。设 $f(x_1)$ 和 $f(x_2)$ 表示 x_1、x_2 两点的实验结果，$f(x)$ 值越大，效果越好。分几种情况讨论。

① 若 $f(x_1) > f(x_2)$，即 $f(x_1)$ 比 $f(x_2)$ 好，则根据"留好去坏"的原则，去掉实验范围 $[a, x_2]$ 部分，在 $[x_2, b]$ 内继续实验。见图 2-5。

x_2　　　　　x_1　　　x_3　　　　　　b

图 2-5   ①时第 3 个实验点 x_3

若去掉实验范围的左边区间，则将新试验点排在新实验范围的 0.618 位置上，另一个试验点在新范围的 0.382 位置上，但这一点恰巧在旧区间已试的实验点上。

$$x_3 = x_2 + 0.618(b - x_2) \qquad (2\text{-}5)$$

$$x_4 = x_2 + 0.382(b - x_2) \qquad (2\text{-}6)$$

而　　　　　$\dfrac{|x_2 x_1|}{|x_2 b|} = \dfrac{0.236}{0.618} = 0.382$ 　　（已试）

所　　　　　以 $x_4 = x_1$

即除第一次要取两个试验点外，以后每次只取一个试验点，另一个试验点在已试点上（不做）。

同理，比较两个结果，去坏留好，进一步缩小范围，进一步做实验，最后找出最佳点。

② 若 $f(x_2) > f(x_1)$，即 $f(x_2)$ 比 $f(x_1)$ 好，则根据"留好去坏"的原则，去掉实验范围的 $[x_1, b]$，在剩余范围 $[a, x_1]$ 内继续实验。见图 2-6。

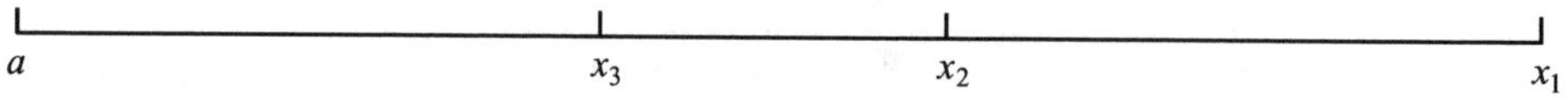

a　　　　　x_3　　　x_2　　　　　　x_1

图 2-6   ②时第 3 个实验点 x_3

若去掉实验范围的右区间，则新点安排在新实验范围的 0.382 处，已试点一定在新区间的 0.618 处。

$$x_3 = a + 0.382(x_1 - a) \quad（新实验点 x_3） \qquad (2\text{-}7)$$

③ 若 $f(x_1)$ 和 $f(x_2)$ 实验效果一样，去掉两端，在剩余范围 $[x_1, x_2]$ 内继续实验。两个新实验点：

$$x_3 = x_2 + 0.618(x_1 - x_2) \qquad (2\text{-}8)$$

$$x_4 = x_2 + 0.382(x_1 - x_2) \qquad (2\text{-}9)$$

④ 在新实验范围内按 0.618、0.382 的特殊位置再次安排实验点，重复上述过程，直至得到满意结果，找出最佳点。

四、分数法

1．分数法的概念

分数法又称菲波那契数列法，它是利用菲波那契数列进行单因素优化实验设计的一种方法。其基本思想和 0.618 法是一致的，主要不同点是：0.618 法每次都按同一比例常数 0.618 来缩短区间，而分数法每次都是按不同的比例来缩短区间的，它是按菲波那契数列产生的分数序列为比例来缩短区间的。

13 世纪，意大利人 Fibonacci 曾经考虑过这样一串数：

$$\begin{cases} F_0 = F_1 = 1 \\ F_{n+1} = F_n + F_{n-1}, \ n \geqslant 2 \end{cases} \qquad (2\text{-}10)$$

即从第 3 项起，每一项都是它前两项之和，称为 Fibonacci 数列 $\{F_n\}$。

这个整数序列写出来就是：1，1，2，3，5，8，13，21，34，…

2．利用分数法进行单因素优化实验设计

（1）所有可能进行的实验总次数 $m = F_n - 1$ 时，即 m 正好与菲波那契数列中某数减 1 相一致时。则前两个实验点分别放在 F_{n-1} 和 F_{n-2} 位置上。

例如，通过某种污泥的消化实验确定其较佳投配率 P，实验范围为 2% ~ 13%，以变化 1% 为一个实验点，则可能实验总次数为 12 次，符合 $12 = 13 - 1 = F_6 - 1$。即 $m = F_n - 1$ 的关系，第一个实验点为 $F_{n-1} = F_5 = 8$。即放在第 8 个实验点处，如表 2-1 所示，投配率为 9%。

第二个实验点为 $F_{n-2} = F_4 = 5$，即第 5 个实验点，投配率为 6%。

实验后，比较两个不同投配率的结果，根据产气率、有机物的分解率，若污泥投配率 6% 优于 9%，根据"留好去坏"的原则，去掉 9% 以上的部分（反之，则去掉 6% 以下的部分），重新安排实验。

此时实验范围为 8 左侧的部分，可能实验次数 $m = 7$ 符合 $8 - 1 = 7$，$m = F_n - 1$，$F_n = 8$，故 $n = 5$。第 1 个实验点为 $F_{n-1} = F_4 = 5$，$P = 6\%$

该点已实验，第 2 个实验点为 $F_{n-2} = F_3 = 3$，$P = 4\%$（或利用在该实验范围内与已有实验点的对称关系找出第 2 个实验点，如在 1 ~ 7 之间与第 5 点对称的点为第 3 点，相对应的投配率 $P = 4\%$）。比较投配率为 4% 和 6% 两个实验的结果，并按上述步骤重复进行，如此进行下去，则对可能的 $F_6 - 1 = 13 - 1 = 12$ 次实验，只要 $n - 1 = 6 - 1 = 5$ 次实验，就能找出最优点。

表 2-1　分数法第一种情况安排实验

可能实验次序		1	2	3	4	5	6	7	8	9	10	11	12	
F_n 数列	F_0	F_1	F_2	F_3			F_4			F_5				F_6
相应投配率/%		2	3	4	5	6	7	8	9	10	11	12	13	
实验次序			x_4	x_3	x_5	x_2				x_1				

（2）可能进行的实验总次数 m 符合下列关系式：$F_{n-1}-1 < m < F_n-1$

此时，可在实验范围两端增加虚点，人为使实验个数达到 F_n-1，使其符合第一种情况，而后安排实验。在虚点上，不要真正做实验，而应判断虚点实验效果比其他实验点都差，实验继续下去，可得到最优点。

例如，混凝沉淀实验中，要从 5 种投药量中筛选出较佳投药量，利用分数法如下安排实验。

由菲波那契数列可知：

$m=5$，$F_4-1(4) < m(5) < F_5-1(7)$，属于分数法的第二种类型。

首先需增加虚点，使实验总次数增加到 $F_5-1(7)$ 次，如表 2-2。

则第 1 个实验点为 $F_{n-1}=5$，投药量为 2.0 mg/L，第 2 个实验点为 $F_{n-2}=3$，投药量为 1.0 mg/L。经过比较后，投药量 2.0 mg/L 结果较理想，根据"留好去坏"的原则，舍掉 1.0 以下的实验点，由图可知，第 3 个实验点应安排在实验范围 4～7 内 5 的对称点 6 处，即投药量为 3.0 mg/L。比较结果后投药量 3.0 mg/L 优于 2.0 mg/L，则舍掉 5 点以下数据，在 6～7 范围内根据对称点选取第 4 个实验点为虚点 7，投药量为 0 mg/L，因此最佳投药量为 3.0 mg/L。

表 2-2　分数法第二种情况安排实验

可能实验次序		1	2	3	4	5	6	7	
F_n 数列	F_0	F_1	F_2	F_3		F_4			F_5
相应投药量/（mg/L）		0	0.5	1.0	1.3	2.0	3.0	0	
实验次序				x_2		x_1	x_3		

第三节　多因素正交实验设计

科学实验中考察的因素往往很多，而每个因素的水平数往往也多，此时要全面地进行实验，实验次数就相当多。如某个实验考察 4 个因素，每个因素 3 个水平，全部实验要 $3^4=81$ 次。要做这么多实验，既费时又费力，而有时甚至是不可能的。由此可见，多因素的实验存在两个突出的问题：

第一是全面实验的次数与实际可行的实验次数之间的矛盾；

第二是实际所做的少数实验与全面掌握内在规律的要求之间的矛盾。

为解决第一个矛盾，就需要我们对实验进行合理的安排，挑选少数几个具有"代表性"的实验做。为解决第二个矛盾，需要我们对所挑选的几个实验的实验结果进行科学的分析。

我们把实验中需要考虑多个因素，而每个因素又要考虑多个水平的实验问题称为多因素实验。

如何合理地安排多因素实验？又如何对多因素实验结果进行科学的分析？目前应用的方法较多，而正交实验设计就是处理多因素实验的一种科学方法，它能帮助我们在实验前借助于事先已制好的正交表科学地设计实验方案，从而挑选出少量具有代表性的实验做，实验后经过简单的表格运算，分清各因素在实验中的主次作用并找出较好的运行方案，得到正确的分析结果。因此，正交实验在各个领域得到了广泛应用。

一、正交实验设计

正交实验设计，就是利用事先制好的特殊表格——正交表来安排多因素实验，并进行数据分析的一种方法。它不仅简单易行，计算表格化，而且科学地解决了上述两个矛盾。例如，要进行 3 因素 2 水平的一个实验，各因素分别用大写字母 A、B、C 表示，各因素的水平分别用 A_1、A_2、B_1、B_2、C_1、C_2 表示。这样，实验点就可用因素的水平组合表示。实验的目的是要从所有可能的水平组合中，找出一个最佳水平组合。怎样进行实验呢？一种办法是进行全面实验，即每个因素各水平的所有组合都做实验。共需做 $2^3 = 8$ 次实验，这 8 次实验分别是 $A_1B_1C_1$、$A_1B_1C_2$、$A_1B_2C_1$、$A_1B_2C_2$、$A_2B_1C_1$、$A_2B_1C_2$、$A_2B_2C_1$、$A_2B_2C_2$。为直观起见，将它们表示在图 2-7 中。

图 2-7 的正六面体的任意两个平行平面代表同一个因素的两个不同水平。比较这 8 次实验的结果，就可找出最佳实验条件。

进行全面实验对实验项目的内在规律揭示得比较清楚，但实验次数多，特别是当因素及因素的水平数较多时，实验量很大，例如，6 个因素，每个因素 5 个水平的全面实验的次数为 $5^6 = 15\,625$ 次，实际上如此大量的实验是无法进行的。因此，在因素较多时，如何做到既减少实验次数，又能较全面地揭示内在规律，这就需要用科学的方法进行合理的安排。

为了减少实验次数，一个简便的办法是采用简单对比法，即每次变化一个因素而固定其他因素进行实验。对 3 因素 2 水平的一个实验，简单比较法的具体做法如下：

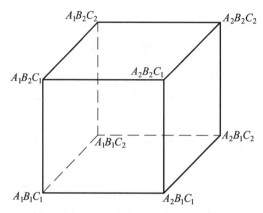

图 2-7　因素 2 水平全面实验点分布直观图

第一步，固定 B、C 于 B_1、C_1。变化 A，组成两组对比试验：$A_1B_1C_1$、$A_2B_1C_1$，如图 2-8 所示，较好的结果用 $\star$ 表示。比较后，$A_1B_1C_1$ 比 $A_2B_1C_1$ 好。

第二步，固定 A 为 A_1，C 仍为 C_1，变化 B，又组成两组对比试验：$A_1B_1C_1$、$A_1B_2C_1$，一个实验前面已经做过，做另一个实验。比较后，$A_1B_2C_1$ 比 $A_1B_1C_1$ 好。

第三步，固定 A 为 A_1，B 为 B_2，变化 C，又组成两组对比试验：$A_1B_2C_1$、$A_1B_2C_2$，一个实验前面已经做过，做另一个实验。比较后，$A_1B_2C_1$ 比 $A_1B_2C_2$ 好。

于是经过 4 次实验即可得出最佳生产条件为：$A_1B_2C_1$。这种方法叫简单对比法，一般也能获得一定效果。

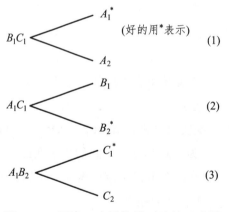

图 2-8　3 因素 2 水平简单对比法示意图

刚才我们所取的 4 个实验点：$A_1B_1C_1$、$A_2B_1C_1$、$A_1B_2C_1$、$A_1B_2C_2$，它们在图中所占的位置如图 2-9 所示，从此图可以看出，4 个实验点在正六面体上分布得不均匀，有的平面上有 3 个实验点，有的平面上仅有 1 个实验点，因而代表性较差。

如果我们利用正交表 $L_4(2^3)$ 安排四个实验点：$A_1B_1C_1$、$A_1B_2C_2$、$A_2B_1C_2$、$A_2B_2C_1$，如图 2-10 所示。正六面体的任何一面上都取了 2 个实验点，这样分布就很均匀，因而代表性较好。它能较全面地反映各种信息。由此可见，最后一种安排实验的方法是比较好的方法。这就是我们大量应用正交实验设计法进行多因素实验设计的原因。

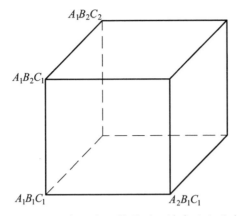

图 2-9 3 因素 2 水平简单对比法实验点分布

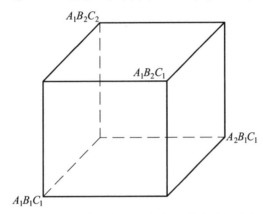

图 2-10 3 因素 2 水平正交实验法实验点分布

二、正交表

正交表是正交实验设计法中合理安排实验，并对数据进行统计分析的一种特殊表格。常用的正交表有 $L_4(2^3)$，$L_3(2^7)$，$L_9(3^4)$，$L_8(4×2^4)$，$L_{18}(2×3^7)$ 等。

1．各列水平数均相同的正交表

各列水平数均相同的正交表，也称单一水平正交表。这类正交表名称的符号含义如图 2-11 所示。

"L"代表正交表，右下角的数字表示横行数（以后简称行），即要做的实验次数；括号内的指数，表示表中直列数（以后简称列），即最多允许安排的因素个数；括号内的底数，表示表中每列的数字，即因素的水平数。$L_4(2^3)$ 正交表告诉我们，用它安排实验，需做 4 次实验，最多可以考察 3 个 2 水平的因素。

各列水平均为 2 的常用正交表有：$L_4(2^3)$，$L_8(2^7)$，$L_{12}(2^{11})$，$L_{16}(2^{15})$，$L_{20}(2^{19})$，$L_{32}(2^{31})$。

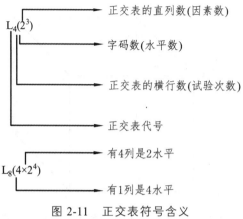

图 2-11　正交表符号含义

各列水平数均为 3 的常用正交表有：$L_9(3^4)$，$L_{27}(3^{13})$。

各列水平数均为 4 的常用正交表有：$L_{16}(4^5)$

各列水平数均为 5 的常用正交表有：$L_{25}(5^6)$

2．混合水平正交表

各列水平数不相同的正交表，叫混合水平正交表，图 2-12 是一个混合水平正交表名称的符号含义。

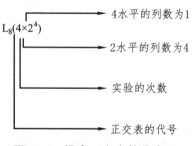

图 2-12　混合正交表符号含义

$L_8(4^1 \times 2^4)$ 常简写为 $L_8(4 \times 2^4)$。此混合水平正交表含有 1 个 4 水平列，4 个 2 水平列，共有 $1 + 4 = 5$ 列。$L_8(4 \times 2^4)$ 正交表则要做 8 次实验，最多可考察 1 个 4 水平和 4 个 2 水平的因素。

3．正交表的特点

（1）每一列中，不同的数字出现的次数相等。如表 2-3 中相同的数字只有两个，即 1 和 2，它们各出现 2 次。

（2）任意两列中，将同一横行的两个数字看成有序数对（即左边的数放在前，右边的数放在后，按这一次序排出的数对）时，每种数对出现的次数相等。表 2-3 中有序数对共有四种：（1，1）、（1，2）、（2，1）、（2，2），它们各出现一次。

凡满足上述两个性质的表就称为正交表。附录 A 中给出了几种常用的正交表。

表 2-3　$L_4(2^3)$ 正交表

实验号	列　号		
	1	2	3
1	1	1	1
2	1	2	2
3	2	1	2
4	2	2	1

三、利用正交表安排多因素实验

利用正交表进行多因素实验方案设计，一般步骤如下：

（1）明确实验目的，确定评价指标。即根据水处理工程实践明确本次实验要解决的问题，同时，结合工程实际选用能定量、定性表达的突出指标作为实验分析的评价指标。指标可能有一个，也可能有几个。

（2）挑选因素。影响实验结果的因素很多，由于条件限制，不可能逐一或全面地加以研究。因此要根据已有专业知识及有关文献资料和实际情况，固定一些因素于最佳条件下，排除一些次要因素，而挑选一些主要因素。但是，对于不可控因素，由于测不出因素的数值，因而无法看出不同水平的差别，也就无法判断该因素的作用，所以不能被列为研究对象。

对于可控因素，考虑到若是丢掉了重要因素，可能会影响实验结果，不能正确地全面地反映事物的客观规律，而正交实验设计法正是安排多因素实验的有利工具，因素多几个，实验次数增加并不多，有时甚至不增加，因此，一般倾向于多挑选些因素进行考察，除非事先根据专业知识或经验等，能肯定某因素作用很小，而不选入外，对于凡是可能起作用或情况不明或看法不一的因素，都应当选入进行考察。

（3）确立各因素的水平。因素的水平分为定性与定量两种，水平的确定包括两个含义，即水平个数的确定和各个水平的数量确定。

① 定性因素：要根据实验具体内容，赋予该因素每个水平以具体含义。如药剂种类、操作方式或药剂投加次序等。

② 定量因素：因素的量大多是连续变化的，这就要我们根据有关知识或经验及有关文献资料等，首先确定该因素数量的变化范围；而后根据实验的目的及性质，并结合正交表的选用来确定因素的水平数和各水平的取值，每个因素的水平数可以相等也可以不等。重要因素或特别希望详细了解的因素，其水平可多一些，其他因素的水平可少一些。

（4）选择合适的正交表

常用的正交表有几十个，可以灵活选择，但应综合考虑以下三方面的情况：

① 考察因素及水平的多少；

② 实验工作量的大小及允许条件；

③ 有无重点因素要加以详细考察。

（5）制订因素水平表。根据上面选择的因素及水平的取值和正交表，制订出一张反映实验所要考察研究的因素及各因素的水平的"因素水平综合表"。该表制订过程中，对于各个因素用哪个水平号码，对应哪个用量可以任意规定，最好是打乱次序安排，但一经选定之后，实验过程中就不许再变了。

（6）确定实验方案

根据因素水平表及选用的正交表，做到：

① 因素顺序上列：按照因素水平表中固定下来的因素次序，顺序地放到正交表的纵列上，每列上放一种。

② 水平对号入座：因素上列后，把相应的水平按因素水平表所确定的关系，对号入座。

③ 确定实验条件：正交表在因素顺序上列，水平对号入座后，表的每一横行即代表所要进行实验的一种条件，横行数即为实验次数。

（7）按照正交表中每横行规定的条件，即可进行实验。实验中，要严格操作，并记录实验数据，分析、整理出每组条件下的评价指标值。

四、正交实验结果的直观分析

做完实验之后获得了大量实验数据，如何利用这些数据进行科学的分析，从中得出正确结论，是正交实验设计的一个重要方面。

正交实验设计的数据分析，就是要解决：哪些因素影响大，哪些因素影响小，因素的主次关系如何，各影响因素中，哪个水平能得到满意的结果，从而找出最佳生产运行条件。

要解决这些问题，需要对数据进行分析、整理。分析、比较各个因素对实验结果的影响，分析、比较每个因素的各个水平对实验结果的影响，从而得出正确的结论。

直观分析法的具体步骤如下：

以正交表 $L_4(2^3)$ 为例（表 2-4），其中各数字以符号 $L_n(f^m)$ 表示。

（1）填写评价指标

将每组实验的数据分析处理后，求出相应的评价指标值 y_i，并填入正交表的右栏实验结果内。

（2）计算各列的各水平效应值 K_{mf}、$\bar{K}_{mf}$ 及极差 R_m 值

K_{mf} —— m 列中 f 号的水平相应指标值之和；

$$\bar{K}_{mf} = \frac{K_{mf}}{m\ 列的\ f\ 号水平的重复次数}$$

R_m —— m 列中 K_f 的极大与极小值之差。

（3）比较各因素的极差 R 值，根据其大小，即可排出因素的主次关系。这从直观上很容易理解，对实验结果影响大的因素一定是主要因素。影响大，是指这因素的不同水平所对应的指标间的差异大。相反，则是次要因素。

（4）比较同一因素下各水平的效应值 $\bar{K}_{mf}$，能使指标达到满意的值（最大或最小）为较理想的水平值。如此，可以确定最佳生产运行条件。

表 2-4　$L_4(2^3)$ 正交表直观分析

水　平		列　　号			实验结果（评价指标）y_i
		1	2	3	
实验号	1	1	1	1	y_1
	2	1	2	2	y_2
	3	2	1	2	y_3
	4	2	2	1	y_4
K_1					$\sum\limits_{i=1}^{n} y_i$
K_2					$n =$ 实验组数
$\bar{K}_1$					
$\bar{K}_2$					
$R_m = \bar{K}_1 - \bar{K}_2$ 极差					

（5）作因素和指标关系图，即以各因素的水平值为横坐标，各因素水平相应的均值 $\bar{K}_{mf}$ 值为纵坐标，在直角坐标纸上绘图，可以更直观地反映出诸因素及水平对实验结果的影响。

五、正交实验分析举例

【例 1】　对原水进行直接过滤正交实验，投加的药剂为碱式氯化铝，考察因素包括：混合速度梯度、滤速、混合时间和投药量。

（1）实验目的：通过实验，确定原水过滤后影响水浊度因素的主次顺序及各因素较佳的水平条件。

（2）挑选因素：混合速度梯度、滤速、混合时间和投药量。

（3）确定各因素的水平：为了减少实验次数，又能说明问题，因此每个因素选用 3 个水平，根据有关资料选用，结果如表 2-5 所示。

表 2-5　碱式氯化铝投加药剂实验

因素 水平	混合速度梯度/s^{-1}	滤速/（m/h）	混合时间/s	投药量/（mg/L）
1	400	10	10	9
2	500	8	20	7
3	600	6	30	5

（4）确定实验评价指标：本实验以水浊度为评价指标。

（5）选择正交表：根据以上所选的因素与水平，确定选用 $L_9(3^4)$ 正交表。

（6）确定实验方案：根据已定因素、水平及选用的正交表，得出正交实验方案表（表 2-6）。

表 2-6　原水过滤正交实验方案表 $L_9(3^4)$

实验号	因素			
	混合速度梯度/s^{-1}	滤速/（m/h）	混合时间/s	投药量/（mg/L）
1	400	10	10	9
2	400	8	20	7
3	400	6	30	5
4	500	10	20	5
5	500	8	30	9
6	500	6	10	7
7	600	10	30	7
8	600	8	10	5
9	600	6	20	9

（7）实验结果直观分析

实验结果及分析如表 2-7 所示，具体做法如下：

表 2-7　原水过滤正交实验结果分析

实验号	因　素				评价指标
	混合速度梯度/s^{-1}	滤速/（m/h）	混合时间/s	投药量/（mg/L）	水浊度（度）
1	400	10	10	9	0.75
2	400	8	20	7	0.80
3	400	6	30	5	0.85
4	500	10	20	5	0.90
5	500	8	30	9	0.45
6	500	6	10	7	0.65
7	600	10	30	7	0.65
8	600	8	10	5	0.85
9	600	6	20	9	0.35
K_1	2.40	2.30	2.25	1.55	6.25
K_2	2.00	2.10	2.05	2.10	
K_3	1.85	1.85	1.95	2.60	
$\overline{K_1}$	0.80	0.77	0.75	0.52	0.69
$\overline{K_2}$	0.67	0.70	0.68	0.70	
$\overline{K_3}$	0.62	0.62	0.65	0.70	
R_m	0.18	0.15	0.10	0.18	

由表 2-7 可知，各因素影响水浊度的主次顺序是：投药量→混合速度梯度→滤速→混合时间。各因素较佳的水平条件是：混合速度梯度为 600 s^{-1}，滤速为 6 m/h，混合时间 30 s，投药量为 9 mg/L。

【例 2】　为了解制革消化污泥化学调节的控制条件，对其比阻 R 影响进行实验，选用因素、水平见表 2-8。

表 2-8　消化污泥化学调节的控制条件

因素 水平	A 加药体积/mL	B 加药量/（mg/L）	C 反应时间/min
1	1	5	20
2	5	10	40
3	9	15	60

问：（1）选出哪张正交表适合？

（2）试选出实验方案。

（3）如果将三个因素依次放在 $L_9(3^4)$ 的第 1、2、3 列，所得比阻值 R（108 s²/g）为 1.22、1.119、1.154、1.091、0.979、1.206、0.938、0.990、0.702。试分析实验结果，并找出制革消化污泥进行化学调节时受其控制条件的较佳值组合。

解：该实验为三因素、三水平，所以选用 $L_9(3^4)$ 正交表。实验方案和实验结果见表 2-9。

表 2-9　直接过滤正交实验结果及直观分析

| 实验号 | 因　素 | | | | 评价指标 |
	A 加药体积/mL	B 加药量/（mg/L）	空列	C 反应时间/min	比阻值
1	1（1）	5（1）	0（1）	20（1）	1.122
2	1（1）	10（2）	0（2）	40（2）	1.119
3	1（1）	15（3）	0（3）	60（3）	1.154
4	5（2）	5（1）	0（2）	60（3）	1.091
5	5（2）	10（2）	0（3）	20（1）	0.979
6	5（2）	15（3）	0（1）	30（2）	1.206
7	9（3）	5（1）	0（3）	30（2）	0.938
8	9（3）	10（2）	0（1）	60（3）	0.990
9	9（3）	15（3）	0（2）	20（1）	0.702
K_1	3.395	3.151	3.318	2.803	
K_2	3.276	3.088	2.912	3.263	
K_3	2.630	3.062	3.071	3.235	
$\overline{K_1}$	1.132	1.050	1.106	0.934	
$\overline{K_2}$	1.092	1.029	0.971	1.087	
$\overline{K_3}$	0.877	1.021	1.024	1.078	
R_m	0.252	0.029	0.135	0.114	

由表 2-9 可知，在该实验中，影响因素从主到次为：加药体积（A）→空量→反应时间（C）→加药量（B）。从表中各因素水平值的均值可见，各因素中较佳的水平条件分别为：$A_3B_3C_1$，加药体积 9 mL，加药量 15 mg/L，反应时间 20 min。从比阻值可知，最佳条件为：$A_3B_3C_1$，加药体积 9 mL，加药量 15 mg/L，反应时间 20 min。

习　题

1. 某污水处理实验，需要对水样的浓度进行优选，根据经验知道兑水的倍数为 $50 \sim 100$ 倍，用 0.618 法安排实验点。试确定第一次实验和第二次实验的加水倍数。

2. 某水处理实验，需要对氧气的通入量进行优选，根据经验知道氧气的通入量是 $20 \sim 70\ kg$，用 0.618 法经过 4 次实验就找到合适通氧量。试将各次通氧量计算出来，并填入表 2-10 中。

表 2-10　氧气通入量优选实验记录表

实验序号	通氧量/kg	比　　较
1		
2		1 比 2 好
3		1 比 3 好
4		3 比 4 好

3. 为了节约软化水的用盐量，利用菲波那契数列法对盐水浓度进行了优选。盐水浓度的实验范围是 $6\% \sim 15\%$，以变化 1% 为一个实验点，做了 5 次实验，就找到了最合适的盐水浓度。如果实验结果：2 比 1 好，3 比 2 和 4 都好，5 比 3 好，那么最合适的盐水浓度是多少？

4. 为了提高污水中某种物质的转化率（%），选择了三个有关因素：反应温度（A）、加碱量（B）和加酸量（C），每个因素选三个水平，见表 2-11。

表 2-11　提高转化率实验的因素水平表

因素 水平	A 反应温度/°C	B 加碱量/kg	C 加酸量/kg
1	80	35	25
2	85	48	30
3	90	55	35

（1）选用哪张正交表来安排实验？

（2）如果按 $L_9(3^4)$ 安排实验。按实验方案进行 9 次实验，转化率（%）依次是 51、71、58、82、69、59、77、85、84。试分析实验结果，求出最佳生产条件。

5. 在水处理实验中，为了考察混凝剂投量、助凝剂投量、助凝剂投加点及滤速对出水浊度的影响，见表 2-12，试进行正交实验设计及实验结果的直观分析，确定因素的主次顺序及各因素较佳的水平条件。

表 2-12　过滤实验的因素水平表

因素 水平	混凝剂投量 /（mg/L）	助凝剂投量 /（mg/L）	助凝剂投加点	滤速/（m/h）
1	10	0.008	a	8
2	12	0.015	b	10
3	14	0.03	c	12

第三章　误差与实验数据处理

由于实验方法和实验设备不完善，周围环境的影响，以及人的观察力、测量程序等限制，实验观测值和真值之间，总是存在一定的差异。人们常用绝对误差、相对误差或有效数字来说明一个近似值的准确程度。为了评定实验数据的精确性或误差，认清误差的来源及其影响，需要对实验的误差进行分析和讨论。由此可以判定哪些因素是影响实验精确度的主要方面，从而在以后的实验中，进一步改进实验方案，缩小实验观测值和真值之间的差值，提高实验的精确性。

一、误差的基本概念

测量是人类认识事物本质所不可缺少的手段。通过测量和实验，人们能对事物获得定量的概念和发现事物的规律性。科学上很多新的发现和突破都是以实验测量为基础的。测量就是用实验的方法，将被测物理量与所选用作为标准的同类量进行比较，从而确定它的大小。

1．真值与平均值

真值是待测物理量客观存在的确定值，也称理论值或定义值。通常真值是无法测得的。若在实验中，测量的次数无限多时，根据误差的分布定律，正负误差的出现几率相等。再经过细致地消除系统误差，将测量值加以平均，可以获得非常接近于真值的数值。但是，实际上实验测量的次数总是有限的，用有限测量值求得的平均值只能是近似真值。常用的平均值有下列几种：

（1）算术平均值　算术平均值是最常见的一种平均值。

设 $x_1, x_2, \cdots, x_n$ 为各次测量值，n 代表测量次数，则算术平均值为

$$\overline{x} = \frac{x_1 + x_2 + \cdots + x_n}{n} = \frac{\sum\limits_{i=1}^{n} x_i}{n} \tag{3-1}$$

（2）几何平均值　几何平均值是将一组 n 个测量值连乘并开 n 次方求得的平均值。即

$$\overline{x}_{\text{几}} = \sqrt[n]{x_1 \cdot x_2 \cdots x_n} \tag{3-2}$$

【例1】 某工厂测得污水的 BOD_5 数据分别为 100 mg/L、110 mg/L、130 mg/L、120 mg/L、115 mg/L、190 mg/L、170 mg/L，求其平均浓度。

解：该厂所得数据大部分在 100～130 mg/L 之间，少数数据的数值较大，此时采用几何平均值才能较好地代表这组数据的中心趋向。

$$\bar{x} = \sqrt[7]{100 \times 110 \times 130 \times 120 \times 115 \times 190 \times 170} = 130.3 \ (\text{mg/L})$$

（3）均方根平均值

$$\bar{x}_{均} = \sqrt{\frac{x_1^2 + x_2^2 + \cdots + x_n^2}{n}} = \sqrt{\frac{\sum\limits_{i=1}^{n} x_i^2}{n}} \tag{3-3}$$

（4）加权平均值 若对同一事物用不同方法测定，或者由不同的人测定，计算平均值时，常用加权平均值。

$$\bar{x} = \frac{w_1 x_1 + w_2 x_2 + \cdots + w_n x_n}{w_1 + w_2 + \cdots + w_n} = \frac{\sum\limits_{i=1}^{n} w_i x_i}{\sum\limits_{i=1}^{n} w_i} \tag{3-4}$$

式中，$w_1, w_2, \cdots, w_n$ 代表与各观测值相应的权，其他符号同前。各观测值的权数 w，可以是观测值的重复次数、观测者在总数中所占的比例或者根据经验确定。

【例2】 某工厂测定含铬废水浓度的结果如表 3-1 所示，试计算其平均浓度。

表 3-1 含铬废水浓度

铬浓度/（mg/L）	0.3	0.4	0.5	0.6	0.7
出现次数	3	5	7	7	5

解： $$\bar{x} = \frac{0.3 \times 3 + 0.4 \times 5 + 0.5 \times 7 + 0.6 \times 7 + 0.7 \times 5}{3 + 5 + 7 + 7 + 5} = 0.52 \ (\text{mg/L})$$

【例3】 某印染厂各类污水的测定结果如表 3-2 所示，试计算该厂平均浓度。

表 3-2 各类污水的测定结果

污水类型	退浆污水	煮布锅污水	印染污水	漂白污水
BOD_5/（mg/L）	4 000	10 000	400	70
污水流量/（m³/d）	15	8	1500	900

解： $$\bar{x} = \frac{4\,000 \times 15 + 10\,000 \times 8 + 400 \times 1\,500 + 70 \times 900}{15 + 8 + 1500 + 900} = 331.4 \ (\text{mg/L})$$

2．误差的分类

根据误差的性质和产生的原因，一般可将其分为三类：

（1）系统误差。系统误差是指在测量和实验中未发觉或未确认的因素所引起的误差，而这些因素影响结果永远朝一个方向偏移，其大小及符号在同一组实验测定中完全相同。实验条件一经确定，系统误差就获得一个客观上的恒定值。当改变实验条件时，就能发现系统误差的变化规律。

系统误差产生的原因有：测量仪器不良，如刻度不准，仪表零点未校正或标准表本身存在偏差等；周围环境的改变，如温度、压力、湿度等偏离校准值；实验人员的习惯和偏向，如读数偏高或偏低等引起的误差。针对仪器的缺点、外界条件变化的影响、个人的偏向，分别加以校正后，系统误差是可以消除的。

（2）偶然误差。在已消除系统误差的一切量值的观测中，所测数据仍在末一位或末两位数字上有差别，而且它们的绝对值时大时小，符号时正时负，没有确定的规律，这类误差称为偶然误差或随机误差。偶然误差产生的原因不明，因而无法控制和补偿。但是，对某一量值做足够多次的等精度测量后，就会发现偶然误差完全服从统计规律，误差的大小或正负的出现完全由概率决定。因此，随着测量次数的增加，随机误差的算术平均值趋近于零，所以多次测量结果的算数平均值更接近于真值。

（3）过失误差。过失误差是一种显然与事实不符的误差，它往往是由于实验人员粗心大意、过度疲劳和操作不正确等原因引起的。此类误差无规则可寻，只要加强责任感、多方警惕、细心操作，过失误差是可以避免的。

3．误差的表示方法

利用任何量具或仪器进行测量时，总存在误差，测量结果不可能准确地等于被测量的真值，而只是它的近似值。测量的质量高低以测量精确度为指标，根据测量误差的大小来估计测量的精确度。测量结果的误差越小，则认为测量就越精确。

（1）绝对误差。测量值 X 和真值 A_0 之差为绝对误差，通常称为误差。记为

$$D = X - A_0 \qquad\qquad （3-5）$$

由于真值 A_0 一般无法求得，因而式（3-5）只有理论意义。常用高一级标准仪器的示值作为实际值 A，以代替真值 A_0。由于高一级标准仪器存在较小的误差，因而 A 不等于 A_0，但总比 X 更接近于 A_0。X 与 A 之差称为仪器的示值绝对误差。记为

$$d = X - A \qquad\qquad （3-6）$$

与 d 相反的数称为修正值，记为

$$C = -d = A - X \qquad\qquad （3-7）$$

通过检定，可以由高一级标准仪器给出被检仪器的修正值 C。利用修正值便可以求出该仪器的实际值 A。即

$$A = X + C \qquad\qquad (3\text{-}8)$$

（2）相对误差。衡量某一测量值的准确程度，一般用相对误差来表示。示值绝对误差 d 与被测量的实际值 A 的比值称为实际相对误差。记为

$$\delta_A = \frac{d}{A} \times 100\% \qquad\qquad (3\text{-}9)$$

以仪器的示值 X 代替实际值 A 的相对误差称为示值相对误差。记为

$$\delta_X = \frac{d}{X} \times 100\% \qquad\qquad (3\text{-}10)$$

一般来说，除了某些理论分析外，用示值相对误差较为适宜。

（3）引用误差。为了计算和划分仪表精确度等级，提出引用误差概念。其定义为仪表示值的绝对误差与量程范围之比。

$$\delta_A = \frac{示值绝对误差}{量程范围} \times 100\% = \frac{d}{X_n} \times 100\% \qquad\qquad (3\text{-}11)$$

式中　　d——示值绝对误差；

　　　　X_n——标尺上限值-标尺下限值。

（4）算术平均误差。算术平均误差是指各个测量点的误差的平均值。

$$\delta_平 = \frac{\sum |d_i|}{n} \quad (i = 1, 2, \cdots, n) \qquad\qquad (3\text{-}12)$$

式中　　n——测量次数；

　　　　d_i——为第 i 次测量的误差。

（5）标准误差。标准误差也称为均方根误差。其定义为

$$\sigma = \sqrt{\frac{\sum d_i^2}{n}} \qquad\qquad (3\text{-}13)$$

式（3-13）适用于无限测量的场合。实际测量工作中，测量次数是有限的，则改用下式

$$\sigma = \sqrt{\frac{\sum d_i^2}{n-1}} \qquad\qquad (3\text{-}14)$$

标准误差不是一个具体的误差，σ 的大小只说明在一定条件下等精度测量集合所属的每一个观测值对其算术平均值的分散程度。σ 的值越小，则说明每一次测量值对其算术平均值分散度越小，测量的精度就越高；反之精度就越低。

4．精密度、准确度和精确度

反映测量结果与真实值接近程度的量，称为精度（亦称精确度）。它与误差大小相对应，测量的精度越高，其测量误差就越小。"精度"应包括精密度和准确度两层含义。

（1）精密度。测量中所测得数值重现性的程度，称为精密度。它反映偶然误差的影响程度，精密度高就表示偶然误差小。

（2）准确度。测量值与真值的偏移程度，称为准确度。它反映系统误差的影响精度，准确度高就表示系统误差小。

（3）精确度（精度）。它反映测量中所有系统误差和偶然误差综合的影响程度。

在一组测量中，精密度高的准确度不一定高，准确度高的精密度也不一定高，但精确度高，则精密度和准确度都高。

二、有效数字及其运算规则

在科学与工程中，该用几位有效数字来表示测量或计算结果，总是以一定位数的数字来表示。不是说一个数值中小数点后面位数越多越准确。实验中从测量仪表上所读数值的位数是有限的，取决于测量仪表的精度，其最后一位数字往往是仪表精度所决定的估计数字，即一般应读到测量仪表最小刻度的十分之一位。数值准确度大小由有效数字位数来决定。

1．有效数字

一个数据，其中除了起定位作用的"0"外，其他数都是有效数字。如 0.0037 只有两位有效数字，而 370.0 则有四位有效数字。一般要求测试数据有效数字为 4 位。要注意有效数字不一定都是可靠数字。如测流体阻力所用的 U 形管压差计，最小刻度是 1 mm，但我们可以读到 0.1 mm，如 342.4 mmHg。又如，二等标准温度计最小刻度为 0.1 ℃，我们可以读到 0.01 ℃，如 15.16 ℃。此时有效数字为 4 位，而可靠数字只有三位，最后一位是不可靠的，称为可疑数字。记录测量数值时只保留一位可疑数字。

为了清楚地表示数值的精度，明确读出有效数字位数，常用指数的形式表示，即写成一个小数与相应 10 的整数幂的乘积。这种以 10 的整数幂来计数的方法称为科学计数法。

如　75200　　　有效数字为 4 位时，记为 7.520×10^5

有效数字为 3 位时，记为 7.52×10^5

有效数字为 2 位时，记为 7.5×10^5

0.00478　　有效数字为 4 位时，记为 4.780×10^{-3}

有效数字为 3 位时，记为 4.78×10^{-3}

有效数字为 2 位时，记为 4.7×10^{-3}

2．有效数字修约规则

有效数字修约按国家标准 GB1.1—81 附录 C"数字修约规则"的规定进行，具体如下：

（1）拟舍弃数字的最左一位数字小于 5 时，则舍去，即拟保留的末位数字不变。例如，将 12.1498 修约到一位小数得 12.1；修约成两位有效数字得 12。

（2）拟舍弃数字的最左一位数大于（或等于）5，而其右边的数字并非全部为 0 时，则进一，即所拟保留的末位数字加一。例如，10.61 和 10.502 修约成两位有效数字均得 11。

（3）拟舍弃数字的最左一位数为 5，而其右边的数字皆为 0 时，若拟保留的末位数字为奇数则进一，为偶数（包括"0"）则舍弃。例如，1.050 和 0.350 修约到一位小数时，分别得 1.0 和 0.4。

（4）拟舍弃的数字，若为两位以上数字时不得连续多次修约，应按上述规定一次修约出结果。例如，将 15.4546 修约成两位有效数字，应得 15，而不能 15.4546→15.455 →15.46→15.5→16。

取舍原则可简记为："四舍六入五留双"或"四舍五入，奇进偶舍"。

3．有效数字运算规则

（1）记录测量数值时，只保留一位可疑数字。

（2）当有效数字位数确定后，其余数字一律舍弃。舍弃办法是"四舍六入五留双"。如：保留 4 位有效数字

$$3.71729 \to 3.717$$

$$5.14285 \to 5.143$$

$$7.62356 \to 7.624$$

$$9.37656 \to 9.376$$

（3）在加减计算中，各数所保留的位数，应与各数中小数点后位数最少的相同。例如，将 24.65、0.0082、1.632 三个数字相加时，应写为 24.65 + 0.01 + 1.63 = 26.29。

（4）在乘除运算中，各数所保留的位数，以各数中有效数字位数最少的那个数为准；其结果的有效数字位数亦应与原来各数中有效数字位数最少的那个数相同。例如，$0.0121 \times 25.64 \times 1.057\,82$ 应写成 $0.0121 \times 25.6 \times 1.06 = 0.328$。上例说明，虽然这三个数的乘积为 $0.328\,182\,3$，但只应取其积为 0.328。

（5）在对数计算中，所取对数位数应与真数有效数字位数相同。

三、可疑数据的取舍

为了使分析结果更符合客观实际，必须剔除明显歪曲实验结果的测定数据。正常

数据总是有一定的分散性,如果人为删去未经检验断定其离群数据(Outliers)的测定值(即可疑数据),由此得到精密度很高的测定结果并不符合客观实际。因此对可疑数据的取舍必须遵循一定原则。

1.取舍原则

(1)测量中发现明显的系统误差和过失错误,由此而产生的分析数据应随时剔除。
(2)可疑数据的取舍应采用统计学方法判别,即离群数据的统计检验。

2.离群数据取舍(n 为有限数)

有几个统计检验方法来估测可疑数据,包括 Dixon,Grubbs,Cochran 和 Youden 检验法。可以对一个样品,一批样品,一台仪器或一组数据中可疑数据进行检验。现介绍最常用的两种方法。

(1)狄克逊(Dixon)检验法:此法适用于一组测量值的一致性检验和剔除离群值,本法中对最小可疑值和最大可疑值进行检验的公式因样本的容量 n 的不同而异,检验步骤如下:

① 将一组测量数据从小到大顺序排列为 $x_1, x_2, x_3, \cdots, x_{n-1}, x_n$,$x_1$ 和 x_n 分别为最小可疑值和最大可疑值,按表 3-3 计算公式求 Q 值。

表 3-3　Dixon 检验统计量 Q 计算公式

n 值范围	3～7	8～10	11～13	14～25
可疑值为最小值 x_1 时	$Q=\dfrac{x_2-x_1}{x_n-x_1}$	$Q=\dfrac{x_2-x_1}{x_{n-1}-x_1}$	$Q=\dfrac{x_3-x_1}{x_{n-1}-x_1}$	$Q=\dfrac{x_3-x_1}{x_{n-2}-x_1}$
可疑值为最大值 x_n 时	$Q=\dfrac{x_n-x_{n-1}}{x_n-x_1}$	$Q=\dfrac{x_n-x_{n-1}}{x_n-x_2}$	$Q=\dfrac{x_n-x_{n-2}}{x_n-x_2}$	$Q=\dfrac{x_n-x_{n-2}}{x_n-x_3}$

② 根据表 3-4 中给定的显著性水平 α 和样本容量 n 查得临界值 Q。

③ 若 $Q \leqslant Q_{0.05}$,则检验的可疑值为正常值;若 $Q_{0.05} < Q \leqslant Q_{0.01}$,则可疑值为偏离值;若 $Q > Q_{0.01}$,则可疑值为离群值,应舍去。

表 3-4　Dixon 检验临界值表

n	显著水平(α)		n	显著水平(α)	
	0.05	0.01		0.05	0.01
3	0.941	0.988	15	0.525	0.616
4	0.765	0.889	16	0.507	0.595
5	0.642	0.780	17	0.490	0.577

n	显著水平（α）		n	显著水平（α）	
	0.05	0.01		0.05	0.01
6	0.560	0.698	18	0.475	0.561
7	0.507	0.637	19	0.462	0.547
8	0.554	0.683	20	0.450	0.535
9	0.512	0.635	21	0.440	0.524
10	0.477	0.597	22	0.430	0.514
11	0.576	0.679	23	0.421	0.505
12	0.546	0.642	24	0.413	0.497
13	0.521	0.615	25	0.406	0.489
14	0.546	0.641			

【例 4】 同一污水水样中 COD 从小到大顺序排列为 45.2 mg/L、46.7 mg/L、46.8 mg/L、46.9 mg/L、47.0 mg/L、47.1 mg/L、47.2 mg/L、47.4 mg/L、47.5 mg/L、47.8 mg/L，检验最小值和最大值是否为离群值？

解： 检验最小值 $x_1 = 45.2$ ，由 $n = 10$, $x_2 = 46.7$, $x_{n-1} = 47.5$ ，则

$$Q = \frac{x_2 - x_1}{x_{n-1} - x_1} = \frac{46.7 - 45.2}{47.5 - 45.2} = 0.65$$

查表 3-4，当 $n = 10$ ，给定显著水平 $\alpha = 0.01$ 时， $Q_{0.01} = 0.597$, $Q > Q_{0.01}$ ，故最小值为离群值，应予舍去。

检验最大值 $x_{10} = 47.8$ ，由 $n = 10$, $x_2 = 46.7$, $x_{n-1} = 47.5$ ，则

$$Q = \frac{x_n - x_{n-1}}{x_n - x_2} = \frac{47.8 - 47.5}{47.8 - 46.7} = 0.27$$

查表 3-4，当 $n = 10$ ，给定显著水平 $\alpha = 0.05$ 时， $Q_{0.05} = 0.477$, $Q < Q_{0.05}$ ，故最大值为正常值，应予以保留。

（2）格鲁勃斯（Grubbs）检验法：此法适用于检验多组测量值的均值的一致性，剔除多组测量值中的离群均值，也可以用于检验一组测量值的一致性和剔除一组测量值中的离群值。方法如下：

① 在一组测量值中，依从小到大顺序排列为 X_1, X_2, X_3, $\cdots$, X_n，若对最小值 X_1 或最大值 X_n 可疑时，进行下列计算：

$$T = \frac{X - X_1}{S}, T = \frac{X_n - X}{S} \tag{3-15}$$

式中　X_1——最小值；

　　　X_n——最大值；

　　　X——平均值；

　　　S——标准差。

② 若根据测定次数（n）和给定的显著性水平 α，从表 3-5 查得 T 临界值。

③ 若 $T \leqslant T_{0.05}$，则可疑值为正常值；若 $T_{0.05} < T \leqslant T_{0.01}$，则可疑值为偏离值；若 $T > T_{0.01}$，则可疑值为离群值，应舍去。舍去离群值后，再计算 X 和 S，再对第二个极值进行检验。

表 3-5　Grubbs 检验临界值表

n	显著水平（α）		n	显著水平（α）	
	0.05	0.01		0.05	0.01
3	1.153	1.155	12	2.285	2.550
4	1.463	1.492	13	2.331	2.607
5	1.672	1.749	14	2.371	2.659
6	1.822	1.944	15	2.409	2.705
7	1.938	2.097	16	2.443	2.747
8	2.032	2.221	17	2.475	2.785
9	2.110	2.323	18	2.504	2.821
10	2.176	2.410	19	2.532	2.854
11	2.234	2.485	20	2.557	2.884

四、实验数据处理

在对实验数据进行误差分析、整理，剔除错误数据后，还要通过数据处理将实验所提供的数据进行归纳整理，用图形、表格或经验公式加以表示，以找出研究事物的各因素之间互相影响的规律，为得到正确的结论提供可靠的信息。

常用的实验数据表示方法有列表表示法、图形表示法和回归分析法等三种。表示方法的选择主要依靠经验，可以用其中的一种方法，也可两种或三种方法同时使用。

1．列表表示法

将实验记录表中的原始数据，经过分析、整理、归纳和计算，表示成各变量之间关系的表格，即为列表表示法。

实验记录表应根据实验时考虑因素的多少，制成不同类型的空格表，并表明时间、记录人、变量的单位、固定因素的量（如温度、pH、时间、浓度等）、环境条件等。

绘制各种表格时应注意以下几点：

（1）为表格起一个简明准确的名字，并将这个表名置于表的上面。同时将表格的顺序号放在表名的前面。

（2）根据需要合理选择表中所列项目。项目过少，表的信息量不足；但是如果把不必要的项目都列进去，项目过多，表格制作和使用都不方便。

（3）表中的项目要包括名称和单位，并尽量采用符号表示。

（4）表中的主项代表自变量，副项代表因变量。

（5）数字的写法应整齐统一。同一竖行的数字，小数点要上下对齐。数字为零时，要保证有效数字的位数。比如，有效位数为小数点后两位，则零应计为 0.00。

（6）变量一般取整数或其他比较方便的数值，按递增或递减顺序排列。因变量的数值要注意有效位数的选择能够反映实验数据本身的误差。

（7）必要的时候，可在表下加附注说明数据来源和表中无法反映的需要说明的其他问题。

2．作图表示法

在绘制出各变量之间的关系表格后，为了使实验结果更直观、更清楚，还需要作出各种变量之间的依从关系曲线图。由实验数据作曲线图必须遵守一些原则，才能得到与实验点位置偏差最小的曲线。在用作图法表示实验结果时应注意以下几点：

（1）坐标轴

坐标轴要准确、完整，能清楚地表示变量间的变化规律。设计坐标时，应做到图形标题尽可能完全，并说明实验条件；坐标轴上注明标度尺寸的单位，标尺上注明的数据应与测量值精确对应。

（2）作图方法

① 选择合适坐标，坐标有直角坐标、对数坐标等，根据研究变量间的关系及要表达的图线形式进行选择。

② 为图起一个简明准确的名字，并将这个图名置于图的下面。

③ 一般情况下横坐标代表自变量，纵坐标代表因变量。

④ 坐标轴的起点不一定是零，一般要考虑使图形占据坐标的主要位置，然后据此选择坐标轴的起点。

⑤ 每个坐标轴都要注明名称和单位，并尽量采用符号表示。

⑥ 一般应使坐标的最小分格对应于实验数据的精确度。

⑦ 在可能的情况下，将变量甲乙变换，使图形变为直线或近似直线。

⑧ 在可能的情况下，最好在图中给出数据的误差范围。

⑨ 如果数据过少,不足以确定自变量和因变量的关系时,最好将各点用直线连接；当数据足够多时，可描出光滑连续曲线，不必通过所有的数据点，但是应尽量使曲线与所有数据点相接近。

⑩ 必要的时候,可在图下加附注说明数据来源和表中无法反映的需要说明的其他问题。

3．实验数据的回归分析

列表法具有简单易做、使用方便的优点，但对客观规律表示不明确，不便于理论分析；作图法具有简明直观、便于比较、变化规律易显示等优点，但也不便于理论分析和计算。为了理论分析和计算的方便，经常对变量之间的关系进行数学回归分析，用数学表达式反映变量之间的关系。

（1）一元线性回归

一元线性回归处理的是两个变量之间的关系，若变量 x 与 y 之间呈线性相关，那么就可以通过一组观测数据 $(x_i, y_i)(i = 1,2,\cdots, n)$，用最小二乘法算出参数 a 和 b，建立回归直线方程：

$$y = a + bx \tag{3-16}$$

（2）二元线性回归

如果影响因素不止一个，这类问题的回归就是多元线性回归，多元线性回归的原理与一元线性回归分析相同，只是计算比较复杂。在多元线性回归中，常用的二元线性回归表达式为

$$y = a + b_1 x_1 + b_2 x_2 \tag{3-17}$$

式中　　y——因变量；

x_1，x_2——自变量；

b_1，b_2——回归系数；

a——常数。

第四章 废水的物理及物理化学方法实验

实验一 混凝沉淀实验

混凝沉淀实验是给水处理的基础实验之一，被广泛地用于科研、教学和生产中。通过混凝沉淀实验，不仅可以选择投加药剂种类、数量，还可确定其他混凝最佳条件。

一、实验目的

（1）通过本实验，确定某水样的最佳投药量。
（2）观察矾花的形成过程及混凝沉淀效果。

二、实验原理

天然水中存在大量胶体颗粒，是使水产生浑浊的一个重要原因。胶体颗粒靠自然沉淀是不能除去的。

水中的胶体颗粒，主要是带负电的黏土颗粒。胶粒间的静电斥力、胶粒的布朗运动及胶粒表面的水化作用，使得胶粒具有分散稳定性，三者中以静电斥力影响最大。向水中投加混凝剂能提供大量的正离子，压缩胶团的扩散层，使 ζ 电位降低，静电斥力减小。此时，布朗运动由稳定因素转变为不稳定因素，也有利于胶粒的吸附凝聚。水化膜中的水分子与胶粒有固定联系，具有弹性和较高的黏度，把这些水分子排挤出去需要克服特殊的阻力，阻碍胶粒直接接触。有些水化膜的存在决定于双电层状态，投加混凝剂降低 ζ 电位，有可能使水化作用减弱。混凝剂水解后形成的高分子物质或直接加入水中的高分子物质一般具有链状结构，在胶粒与胶粒间起吸附架桥作用，即使 ζ 电位没有降低或降低不多，胶粒不能相互接触，通过高分子链状物吸附胶粒，也能形成絮凝体。

消除或降低胶体颗粒稳定因素的过程叫作脱稳。脱稳后的胶粒，在一定的水力条件下，才能形成较大的絮凝体，俗称矾花。直径较大且较密实的矾花容易下沉。

自投加混凝剂直至形成较大矾花的过程叫混凝。混凝离不开投混凝剂。混凝过程见表 4-1。

表 4-1 混凝过程

阶 段	凝 聚				絮 凝
过 程	混合	脱 稳		异向絮凝为主	同向絮凝为主
作 用	药剂扩散	混凝剂水解	杂质胶体脱稳	脱稳胶体聚集	微絮凝体的进一步碰撞聚集
动 力	质量迁移	溶解平衡	各种脱稳机理	分子热运动（布朗扩散）	液体流动的能量消耗
处理构筑物	混合设备				反应设备
胶体状态	原始胶体	脱稳胶体		絮凝胶体	矾花
胶体粒径	0.01 ~ 0.001 μm	5 ~ 10 μm			0.5 ~ 2 mm

由于布朗运动造成的颗粒碰撞絮凝，叫"异向絮凝"。由机械运动或液体流动造成的颗粒碰撞絮凝，叫"同向絮凝"。异向絮凝只对微小颗粒起作用，当粒径大于 1 ~ 5 μm 时，布朗运动基本消失。

从胶体颗粒变成较大的矾花是一个连续的过程，为了研究的方便，可划分为混合和反应两个阶段。混合阶段要求浑水和混凝剂快速均匀混合，一般来说，该阶段只能产生用眼睛难以看见的微絮凝体；反应阶段则要求将微絮凝体形成较密实的大粒径矾花。

混合和反应均需消耗能量，而速度梯度 G 值能反映单位时间、单位体积水耗能值的大小，混合的 G 值应大于 300 ~ 500 s^{-1}，时间一般不超过 30 s，G 值大时混合时间宜短。水泵混合是一种较好的混合方式，本实验水量小，可采用机械搅拌混合。由于粒径大的矾花抗剪强度低，易破碎，而 G 值与水流剪力成正比，故反应开始至反应结束，随着矾花逐渐增大，G 值宜逐渐减小。从理论上讲，反应开始时的 G 值宜接近混合设备出口的 G 值，反应终止时的 G 值宜接近沉淀设备进口的 G 值。但这样会带来一些问题，例如，反应设备构造较复杂，在沉淀设备前产生沉淀。实际设计中 G 值在反应开始时可采用 100 s^{-1} 左右，反应结束时可采用 10 s^{-1} 左右。整个反应设备的平均 G 值为 20 ~ 70 s^{-1}，反应时间 15 ~ 30 min。本实验采用机械搅拌反应，G 值及反应时间 T（以秒计）应符合上述要求。近年来出现若干高效反应设备，由于能量利用率高，反应时间比 15 min 短。

混合或反应的速度梯度 G 值用下式计算：

$$G = \sqrt{\frac{P}{\mu V}} \tag{4-1}$$

式中　P ——混合或反应设备中水流所耗功率，W，1 W = 1 J/s = 1 N·m/s；

　　　V ——混合或反应设备中水的体积，m^3；

　　　μ ——水的动力黏度，Pa·s，1 Pa·s = 1 N·s/m^2。

不同温度下水的动力黏度 μ 值见表 4-2。

表 4-2　不同水温下水的动力黏度 μ 值

温度/℃	0	5	10	15	20	25	30	40
$\mu / (10^{-3}\,\text{N} \cdot \text{s/m}^2)$	1.781	1.518	1.307	1.139	1.002	0.890	0.798	0.653

本实验搅拌设备垂直轴上装设两块桨板，如图 4-1 所示，桨板绕轴旋转时克服水的阻力所耗功率 P 为

$$P = \frac{C_D r L \omega^3}{4g}(r_2^4 - r_1^4) \tag{4-2}$$

式中　L——桨板长度，m；

　　　r_2——桨板腊旋转半径，m；

　　　r_1——桨板内缘旋转半径，m；

　　　ω——相对于水的桨板旋转角速度，可采 0.75 倍轴转速，rad/s；

　　　r——水的重度，N/m³；

　　　g——重力加速度，9.81 m/s²；

　　　C_D——阻力系数，决定于桨板长宽比，见表 4-3。

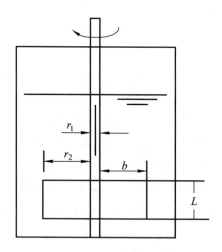

图 4-1　搅拌设备示意图

表 4-3　阻力系数 C_D 值

b/L	小于 1	1～2	2.5～4	4.5～10	10.5～18	大于 18
C_D	1.10	1.15	1.19	1.29	1.40	2.00

当 $C_D = 1.10$（即 $b/L < 1$），$r = 9810\,\mathrm{N/m^3} = 9.81\,\mathrm{m/s^2}$，及转速为 n（r/min）（即

$$\omega = \frac{2\pi n}{60} \times 0.75 = 0.0785n\ \mathrm{rad/s}\ \text{时}），\ P\ \text{为}$$

$$P = 0.133Ln^3(r_2^4 - r_1^4) \tag{4-3}$$

式中，P、L、r_2、r_1 符号意义及单位同前

三、实验设备和试剂

（1）无极调速六联搅拌机 1 台，如图 4-2 所示。

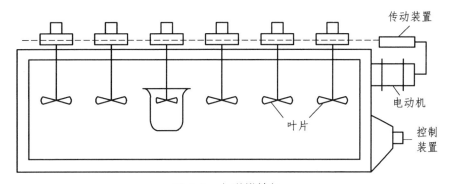

图 4-2　六联搅拌机

（2）1 000 mL 烧杯 12 个。

（3）200 mL 烧杯 14 个。

（4）100 mL 注射器 2 个，移取沉淀水上清液。

（5）洗耳球 1 个，配合移液管移药用。

（6）1 mL 移液管 1 根。

（7）5 mL 移液管 1 根。

（8）10 mL 移液管 1 根。

（9）温度计 1 个，测水温用。

（10）秒表 1 块，测转速用。

（11）1 000 mL 量筒 1 个，量原水体积。

（12）1% 浓度硫酸铝（或其他混凝剂）溶液 1 瓶。

（13）pHS-2 型酸度计 1 台。

（14）GDS-3 型光电式浑浊度仪 1 台。

四、实验步骤

（1）测原水水温、浑浊度及 pH。

（2）确定形成矾花所用的最小混凝剂量。方法是通过慢速搅拌（50 r/min）烧杯中 200 mL 原水，并每次增加 0.5 mL 混凝剂投加量，直至出现矾花为止。这时的混凝剂量作为形成矾花的最小投加量。

（3）用 1 000 mL 量筒量取 12 个水样，置于 12 个 1 000 mL 烧杯中。

（4）确定实验时的混凝剂投加量。根据步骤（2）得出的形成矾花最小混凝剂投加量，取其 1/4 作为 1 号烧杯的混凝剂投加量，取其 2 倍作为 6 号烧杯的混凝剂投加量，用依次增加混凝剂投加量相等的方法求出 2～5 号烧杯混凝剂投加量，把混凝剂分别加入 1～6 号烧杯中。

（5）将第 I 组水样置于搅拌机中，开动机器，调整转速，中速运转数分钟，同时将计算好的投药量，用移液管分别移取至加药试管中。加药试管中药液少时，可加入蒸馏水，以减小药液残留在试管上产生的误差。

（6）将搅拌机快速运转（如 300～500 r/min，但不要超过搅拌机的最高允许转速），待转速稳定后，将药液加入水样烧杯中，同时开始记时，快速搅拌 30 s。

（7）30 s 后，迅速将转速调到中速运转（例如 120 r/min）。然后用少量（数毫升）蒸馏水洗加药试管，并将这些水加到水样杯中。搅拌 5 min 后，迅速将转速调至慢速（如 80 r/min）搅拌 10 min。

（8）搅拌过程中，注意观察并记录矾花形成的过程、矾花外观、大小、密实程度等，并记入表 4-4 中。

表 4-4　实验记录

实验组号	观察记录		小结
	水样编号	帆花形成过程及水样的描述	
I	1		
	2		
	3		
	4		
	5		
	6		
II	1		
	2		
	3		
	4		
	5		
	6		

（9）搅拌过程完成后，停机，将水样取出，置一旁静沉 15 min，并观察记录矾花沉淀的过程。与此同时，再将第Ⅱ组 6 个水样置于搅拌机下。

（10）第Ⅰ组六个水样，静沉 15 min 后，用注射器每次汲取水样杯中上清液约 130 mL（够浊度仪、pH 测定即可），置于 6 个洗净的 200 mL 烧杯中，测浊度及 pH，并记入表 4-5 中。

（11）比较第Ⅰ组实验结果。根据 6 个水样分别测得的剩余浊度，以及水样混凝沉淀时所观察到的现象，对最佳投药量的所在区间做出判断。缩小实验范围（加药量范围）重新设定第Ⅱ组实验的最大和最小投药量值 a 和 b，重复上述实验。

表 4-5　原始数据记录表

实验组号	混凝剂名称		原水浑浊度	原水温度/°C		原水 pH	
Ⅰ	水样编号		1	2	3	4	5	6
	投药量							
	剩余浊度							
	沉淀后 pH 值							
Ⅱ	水样编号		1	2	3	4	5	6
	投药量							
	剩余浊度							
	沉淀后 pH 值							

五、数据整理

以投药量为横坐标，以剩余浊度为纵坐标，绘制投药量-剩余浊度曲线，从曲线上可求得不大于某一剩余浊度的最佳投药量值。

六、注意事项

（1）电源电压应稳定，如有条件，电源上宜设一台稳压装置（如 614 系列电子交流稳压器）。

（2）取水样时，所取水样要搅拌均匀，要一次量取，以尽量减少所取水样浓度上的差别。

（3）移取烧杯中沉淀水上清液时，要在相同条件下取上清液，不要把沉下去的矾花搅起来。

七、思考题

（1）根据实验结果以及实验中所观察到的现象，简述影响混凝的几个主要因素。

（2）为什么最大投药量时，混凝效果不一定好？

（3）测量搅拌机搅拌叶片尺寸，计算中速、慢速搅拌时的 G 值及 T 值。计算整个反应器的平均 G 值。

（4）参考本实验步骤，编写出测定最佳沉淀后 pH 值的实验过程。

（5）当无六联搅拌机时，试说明如何用 0.618 法安排实验，求最佳投药量。

实验二　颗粒自由沉淀实验

颗粒自由沉淀实验用于研究浓度较稀时的单颗颗粒的沉淀规律。一般是通过沉淀柱静沉实验，获取颗粒沉淀曲线。它不仅具有理论指导意义，也是给水排水处理工程中，某些构筑物如给水与污水的沉砂池设计的重要依据。

一、实验目的

（1）加深对自由沉淀特点、基本概念及沉淀规律的理解。

（2）掌握颗粒自由沉淀实验的方法，并能对实验数据进行分析、整理、计算和绘制颗粒自由沉淀曲线。

二、实验原理

浓度较稀的、粒状颗粒的沉淀属于自由沉淀，其特点是静沉过程中颗粒互不干扰、等速下沉，其沉速在层流区符合 Stokes（斯托克斯）公式。

$$u_t = \frac{(\rho_p - \rho)g d_p^{\ 2}}{18\mu} \tag{4-4}$$

式（4-4）表明颗粒沉降速度与粒径的平方成正比。

但是，由于水中颗粒的复杂性，颗粒粒径、颗粒密度很难或无法准确地测定，因而沉淀效果、特性无法通过公式求得，而是通过静沉实验确定。

由于自由沉淀时颗粒是等速下沉，下沉速度与沉淀高度无关，因而自由沉淀可在一般沉淀柱内进行，但其直径应足够大，一般应使 $D \geqslant 100\ \text{mm}$，以免颗粒沉淀受柱壁干扰。

具有大小不同颗粒的悬浮物静沉总去除率与截留速度 u_0、颗粒重量[①]比率的关系如下：

$$E = (1 - P_0) + \int_0^{P_0} \frac{u_s}{u_0} \mathrm{d}P \tag{4-5}$$

此种计算方法也称为悬浮物去除率的累积曲线计算法。

设在一水深为 H 的沉淀柱内进行自由沉淀实验，如图 4-3 所示。实验开始，沉淀

注：① 实为质量，包括后文的称重、恒重等。但现阶段我国农林、环保等领域的生产、科研
　　　实践中一直沿用，为使学生了解、熟悉行业实际，本书予以保留。——编者注

时间为 0，此时沉淀柱内悬浮物分布是均匀的，即每个断面上颗粒的数量与粒径的组成相同，悬浮物浓度为 C_0（mg/L），此时去除率 $E = 0$。

实验开始后，不同沉淀时间 t_i，在取样口（柱底）取样，那么 t_i 时颗粒的最小沉淀速度 u_i 应为

$$u_i = \frac{H}{t_i} \tag{4-6}$$

此即为 t_i 时间内从水面下沉到池底（此处为取样口）的最小颗粒 d_i 所具有的沉速。此时取样口处水样悬浮物浓度为 C_i，则

$$\frac{C_0 - C_i}{C_0} = 1 - \frac{C_i}{C_0} = 1 - P_i = E_0 \tag{4-7}$$

此时去除率 E_0，表示具有沉速 $u \geqslant u_i$（粒径 $d \geqslant d_i$）的颗粒去除率，这部分颗粒经 t_i 时间全部沉至柱底，能够全部去除。而

$$P_i = \frac{C_i}{C_0} \tag{4-8}$$

则反映了经 t_i 时间，未被完全去除之颗粒，即 $d < d_i$ 的颗粒所占的比例。

实际上，沉淀时间 t_i 内，由水中沉至池底的颗粒是由两部分颗粒组成，即沉速 $u_s \geqslant u_i$ 的那一部分颗粒能全部沉至池底。除此之外，颗粒沉速 $u_s < u_i$ 的那一部分颗粒，也有一部分能沉至池底。这是因为，这部分颗粒虽然粒径很小，沉速 $u_s < u_i$，但是这部分颗粒并不都在水面，而是均匀地分布在整个沉淀柱的高度内，因此，只要在水面下，它们下沉至池底所用的时间能少于或等于具有沉速 u_i 的颗粒由水面降至池底所用的时间 t_i，那么这部分颗粒也能从水中被除去。

沉速 $u_s < u_i$ 的那部分颗粒虽然有一部分能从水中去除，但其中也是粒径大的沉到池底的多，粒径小的沉到池底的少，各种粒径颗粒去除率并不相同。因此若能分别求出各种粒径的颗粒占全部颗粒的比例，并求出该粒径在时间 t_i 内能沉至池底的颗粒占本粒径颗粒的比例，则二者乘积即为此种粒径颗粒在全部颗粒中的去除率。如此分别求出 $u_s < u_i$ 的那些颗粒的去除率，并相加后，即可得出这部分颗粒的去除率。

为了推求其计算式，我们首先绘制 $P\text{-}u$ 关系曲线，其横坐标为颗粒沉速 u，纵坐标为未被完全去除颗粒的比例 P，如图 4-4 示。由图中可见，

$$\Delta P = P_1 - P_2 = \frac{C_1}{C_0} - \frac{C_2}{C_0} = \frac{C_1 - C_2}{C_0} \tag{4-9}$$

故 ΔP 是当选择的颗粒沉速由 u_1 降至 u_2 时，整个水中所能多去除的那部分颗粒的去除率，也就是所选择的要去除的颗粒粒径由 d_1 减到 d_2 时，水中所能多去除的，即粒径在

$d_1 \sim d_2$ 之间的那部分颗粒所占的比例。因此，当 ΔP 间隔无限小时，则 dP 代表了小于 d_i 的某一粒径为 d 的颗粒占全部颗粒的比例。这些颗粒能沉至池底的条件，应是由水中某一点沉至池底所用的时间，必须等于或小于具有沉速为 u_i 的颗粒由水面沉至池底所用的时间，即应满足

$$\frac{x}{u_\alpha} \leqslant \frac{H}{u_i}$$

$$x \leqslant \frac{H u_\alpha}{u_i}$$

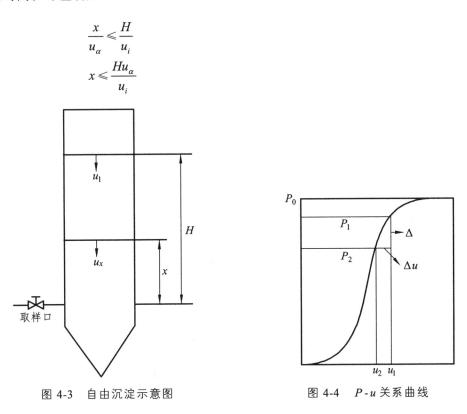

图 4-3 自由沉淀示意图   图 4-4 P-u 关系曲线

由于颗粒均匀分布，又为等速沉淀，故沉速为 $u_\alpha < u_i$ 的颗粒只有在 x 水深以内才能沉到池底。因此能沉至池底的这部分颗粒，占这种粒径的比例为 $\dfrac{x}{H}$，如图 4-3 所示，而

$$\frac{x}{H} = \frac{u_\alpha}{u_i} \qquad\qquad (4\text{-}10)$$

此即为同一粒径颗粒的去除率。取 $u_0 = u_i$，且为设计选用的颗粒沉速；$u_s = u_\alpha$，则有

$$\frac{u_\alpha}{u_i} = \frac{u_s}{u_0} \qquad\qquad (4\text{-}11)$$

由上述分析可见，dP_s 反映了具有沉速 u_s 的颗粒占全部颗粒的比例，而 $\dfrac{u_s}{u_0}$ 则反映了在设计沉速为 u_0 的前提下，具有沉速 u_s（$< u_0$）的颗粒去除量占本颗粒总量的比

例。故 $\dfrac{u_s}{u_0}\mathrm{d}P$ 反映了在设计沉速为 u_0 时，具有沉速为 u_s 的颗粒所能去除的部分占全部颗粒的比例。利用积分求解这部分 $u_s < u_0$ 的颗粒的去除率，则为

$$\int_0^{P_0} \frac{u_s}{u_0}\mathrm{d}P$$

故颗粒的去除率为

$$E = (1 - P_0) + \int_0^{P_0} \frac{u_s}{u_0}\mathrm{d}P \tag{4-12}$$

工程中常用下式计算：

$$E = (1 - P_0) + \frac{\sum u_s \cdot \Delta P}{u_0} \tag{4-13}$$

三、实验设备和试剂

（1）有机玻璃管沉淀柱一根，内径 $D \geqslant 100\ \mathrm{mm}$，高 1.5 m。工作水深即由溢流口至取样口距离，共两种，$H_1 = 0.9\ \mathrm{m}$，$H_2 = 1.2\ \mathrm{m}$。每根沉降往上设溢流管、取样管、进水及放空管。

（2）配水及投配系统，包括钢板水池、搅拌装置，水泵、配水管、循环水管和计量水深用标尺，如图 4-5 所示。

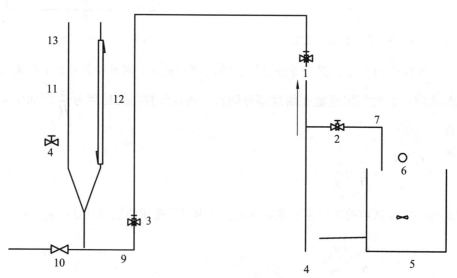

图 4-5　自由沉淀静沉实验装置

1，3—配水管上闸门；2—水泵循环管上闸门；4—水泵；5—水池；6—搅拌机；7—循环管；
8—配水管；9—进水管；10—放空管闸门；11—沉淀柱；
12—标尺；13—溢流管；14—取样器

（3）计量水深用标尺，计时用秒表或手等。

（4）玻璃烧杯，移液管，玻璃棒，瓷盘等。

（5）悬浮物定量分析所需设备：万分之一天平、带盖称量瓶、干燥皿、烘箱、抽滤装置、定量滤纸等。

（6）水样：可用煤气洗涤污水、轧钢污水、天然河水或人工配制水样。

四、实验步骤

（1）将实验用水倒入水池内，开启循环管路闸门 2，用泵循环或机械搅拌装置搅拌，待池内水质均匀后，从池内取样，测定悬浮物浓度，此即为 C_0 值。

（2）开启闸门 1、3，关闭闸门 2，水经配水管进入沉淀管内，当水上升到溢流口，并流出后，关闭闸门 3，停泵。记录时间，沉淀实验开始。

（3）隔 5、10、20、30、60、120 min 由取样口取样，记录沉淀柱内液面高度。

（4）观察悬浮颗粒沉淀特点、现象。

（5）测定水样悬浮物含量。

（6）实验记录用表，如表 4-6 所示。

表 4-6　颗粒自由沉淀实验记录

日期：　　水样：

静沉时间/min	滤纸编号#	称量瓶号#	称量瓶+滤纸重/g	取样体积/mL	瓶纸+SS 重/g	水样 SS 重/g	C_0/（mg/L）	$\bar{C}_0$/（mg/L）	沉淀高度 H/cm
0									
5									
10									
20									
30									
60									
120									

五、数据整理

（1）实验基本参数整理

实验日期：　　　　　　　水样性质及来源：

沉淀柱直径 d =　　　　　柱高 H =

水温：　　℃　　　　　　原水悬浮物浓度 C_0（mg/L）

绘制沉淀柱草图及管路连接图。

（2）实验数据整理

将实验原始数据按表4-7整理，以备计算分析之用。

表4-7　实验原始数据整理表

沉淀高度/cm								
沉淀时间/min								
实测水样 SS/（mg/L）								
计算用 SS/（mg/L）								
未被移除颗粒占比 P_i								
颗粒沉速 u /（mm/s）								

表中不同沉淀时间 t_i 时，沉淀管内未被移除的悬浮物所占比例及颗粒沉速分别按下式计算：

未被移除悬浮物所占例比

$$P_i = \frac{C_i}{C_0} \times 00\%$$

式中　　C_0 ——原水中 SS 浓度值，mg/L；

　　　　C_i ——某沉淀时间后，水样中 SS 浓度值，

相应颗粒沉速

$$u_i(\text{mm/s}) = \frac{H_i}{t_i}$$

（3）以颗粒沉速 u 为横坐标，以 P 为纵坐标，在普通格纸上绘制 $P\text{-}u$ 关系曲线。

（4）利用图解法列表（表4-8）计算不同沉速时，悬浮物的去除率。

表4-8　悬浮物去除率 E 的计算

序号	u_0	P_0	$1-P_0$	ΔP	$\dfrac{\sum u_s \cdot \Delta P}{u_0}$	$E = (1-P_0) + \dfrac{\sum u_s \cdot \Delta P}{u_0}$

（5）根据上述计算结果，以 E 为纵坐标，分别以 u 及 t 为横坐标，绘制 $E\text{-}u$，$E\text{-}t$ 关系曲线。

六、注意事项

（1）向沉淀柱内进水时，速度要适中，既要较快完成进水，以防进水中一些较重颗粒沉淀；又要防止速度过快造成柱内水体紊动，影响静沉实验效果。

（2）取样前，一定要记录管中水面至取样口距离 H_0（以 cm 计）。

（3）取样时，先排除管中积水而后取样，每次取 300 ~ 400 mL。

（4）测定悬浮物时，因颗粒较重，从烧杯取样要边搅边吸，以保证两平行水样的均匀性。贴于移液管壁上的细小颗粒一定要用蒸馏水洗净。

七、思考题

（1）自由沉淀中颗粒沉速与絮凝沉淀中颗粒沉速有何区别？

（2）简述绘制自由沉淀静沉曲线的方法及意义。

（3）沉淀柱高分别为 $H = 1.2$ m，$H = 0.9$ m，两组实验成果是否一样，为什么？

（4）利用上述实验资料，按

$$E = \frac{C_0 - C_i}{C_0} \times 100\%$$

计算不同沉淀时间 t 的沉淀效率 E，绘制 E-t，E-u 静沉曲线，并和上述整理结果加以对照、分析，指出上述两种整理方法结果的适用条件。

实验三　絮凝沉淀实验

絮凝沉淀实验用于研究浓度一般的絮状颗粒的沉淀规律。一般是通过几根沉淀柱的静沉实验,获取颗粒沉淀曲线。不仅可借此进行沉淀性能对比、分析,也可作为污水处理工程中某些构筑物的设计和生产运行的重要依据。

一、实验目的

（1）加深对絮凝沉淀的特点、基本概念及沉淀规律的理解。
（2）掌握絮凝实验方法,并能利用实验数据绘制絮凝沉淀静沉曲线。

二、实验原理

悬浮物浓度不太高,一般在 600 ~ 700 mg/L 以下的絮状颗粒的沉淀属于絮凝沉淀,如给水工程中混凝沉淀,污水处理中初沉池内的悬浮物沉淀均属此类。沉淀过程中由于颗粒相互碰撞,凝聚变大,沉速不断加大,因此颗粒沉速实际上是变速。我们所说的絮凝沉淀颗粒沉速,是指颗粒沉淀平均速度。在平流沉淀池中,颗粒沉淀轨迹是一曲线,不同于自由沉淀的直线运动。在沉淀池内颗粒去除率不仅与颗粒沉速有关,而且与沉淀有效水深有关。因此沉淀柱不仅要考虑器壁对悬浮物沉淀的影响,还要考虑柱高对沉淀效率的影响。

静沉中絮凝沉淀颗粒去除率的计算基本思想与自由沉淀一致,但方法有所不同。自由沉淀采用累积曲线计算法,而絮凝沉淀采用的是纵深分析法,颗粒去除率按下式计算。

$$E = E_T + \frac{Z'}{Z_0}(E_{T+1} - E_T) + \frac{Z''}{Z_0}(E_{T+2} - E_{T+1}) + \cdots +$$

$$\frac{Z^n}{Z_0}(E_{T+n} - E_{T+n-1}) \tag{4-14}$$

去除率曲线如图 4-6 示。去除率同分散颗粒一样,也分成两部分:
（1）全部被去除的颗粒部分
这部分颗粒是指在给定的停留时间（如图中 T_1）,与给定的沉淀池有效水深（如图中 $H = Z_0$）时,两曲线相交点的等去除率线的 E 值,如图中的 $E = E_2$。即在沉淀时

间 $t = T_1$，沉降有效水深 $H = Z_0$ 时具有沉速 $u \geqslant u_0 = \dfrac{Z_0}{T_1}$ 的那些颗粒能全部被去除，其去除率为 E_2。

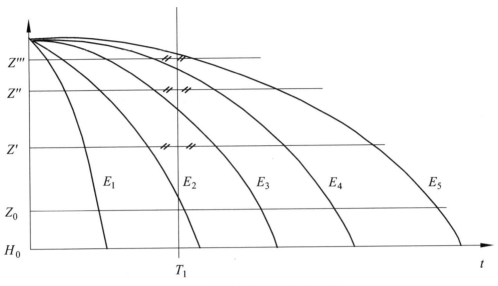

图 4-6　絮凝沉淀等去除率曲线

（2）部分被去除的颗粒部分

同自由沉淀一样，悬浮物在沉淀时虽说有些颗粒较小，沉速较小，不可能从池顶沉到池底，但是在池体中某一深度下的颗粒，在满足条件即沉到池底所用时间 $\dfrac{Z_x}{u_x} \leqslant \dfrac{Z_0}{u_0}$ 时，这部分颗粒也被去除掉了。当然，这部分颗粒是指沉速 $u < \dfrac{Z_0}{T_1}$ 的那些颗粒，这些颗粒的沉淀效率也不相同，也是颗粒大的沉淀快，去除率大些。其计算方法、原理与分散颗粒一样，这里是用 $\dfrac{Z'}{Z_0}(E_{T+1} - E_T) + \dfrac{Z''}{Z_0}(E_{T+2} - E_{T+1}) + \cdots$ 代替了分散颗粒中的 $\displaystyle\int_0^{P_0} \dfrac{u_s}{u_0} \cdot \mathrm{d}P$

式中，$E_{T+n} - E_{T+n-1} = \Delta E$ 所反映的就是把颗粒沉速由 u_0 降到 u_s 时，所能多去除的那些颗粒占全部颗粒的比例。这些颗粒，在沉淀时间 t_0 时，并不能全部沉到池底，而只有符合条件 $t_s \leqslant t_0$ 的那部分颗粒能沉到池底，$\dfrac{h_s}{u_s} \leqslant \dfrac{H_0}{u_0}$，故有 $\dfrac{u_s}{u_0} = \dfrac{h_s}{H_0}$。同自由分散沉淀一样，由于 u_s 为未知数，故采用近似计算法，用 $\dfrac{h_s}{H_0}$ 来代替 $\dfrac{u_s}{u_0}$，工程上多采用等分 $E_{T+n} - E_{T+n-1}$ 间的中点水深 Z^i 代替 h_i，则 $\dfrac{Z^i}{H_0}$ 近似地代表了这部分颗粒中能沉到池底的颗粒所占的比例。

由上推论可知，$\dfrac{Z^i}{H_0}(E_{T+n}-E_{T+n-1})$ 就是沉速为 $u_s \leqslant u \leqslant u_0$ 的这些颗粒的去除量占全部颗粒的比例，以次类推，式 $\sum \dfrac{Z^i}{H_0}(E_{T+n}-E_{T+n-1})$ 就是全部颗粒的去除率。

三、实验设备及用具

（1）沉淀柱：有机玻璃沉淀柱，内径 $D \geqslant 100$ mm，高 $H = 3.6$ m，沿不同高度设有取样口，如图 4-7 所示。管最上为溢流孔，管下为进水孔，共四套。

（2）配水及投配系统：钢板水池、搅拌装置、水泵、配水管。

（3）定时钟、烧杯、移液管、瓷盘等。

（4）悬浮物定量分析所需设备及用具：万分之一分析天平、带盖称量瓶、干燥皿、烘箱、滤抽装置、定量滤纸等。

（5）水样：城市污水、制革污水、造纸污水或人工配置水样等。

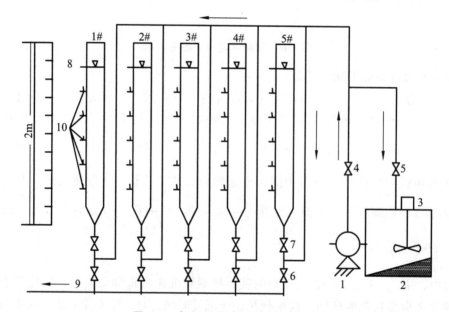

图 4-7　絮凝沉淀实验装置示意图

1—水泵；2—水池；3—搅拌装置；4—配水管闸门；5—水泵循环管闸门；6—各沉淀柱进水闸门；
7—各沉淀柱放空闸门；8—溢流孔；9—放水管；10—取样口

四、实验步骤及记录

（1）将欲测水样倒入水池进行搅拌，待搅匀后取样测定原水悬浮物浓度 SS 值。

（2）开启水泵，打开水泵的上水闸门和各沉淀柱上水管闸门。

（3）放掉存水后，关闭放空管闸门，打开沉淀柱上水管闸门。

（4）依次向1~4沉淀柱内进水，当水位达到溢流孔时，关闭进水闸门，同时记录沉淀时间。4根沉淀柱的沉淀时间分别为20、40、60、80 min。

（5）当达到各柱的沉淀时间时，在每根柱上，自上而下地依次取样，测定水样悬浮物的浓度。

（6）记录见表4-9。

表4-9 絮凝沉淀实验记录表

实验日期　　水　样

柱号（号）	沉淀时间/min	取样点编号（号）	SS/（mg/L）	SS平均值/（mg/L）	取样点有效水深/m	备注
1	20	1-1				
		1-2				
		1-3				
		1-4				
		1-5				
2	40	2-1				
		2-2				
		2-3				
		2-4				
		2-5				
3	60	3-1				
		3-2				
		3-3				
		3-4				
		3-5				
4	80	4-1				
		4-2				
		4-3				
		4-4				

五、数据整理

（1）实验基本参数整理

实验日期   水样性质及来源

沉淀柱直径 $d=$ 柱高 $H=$

水温   ℃   原水悬浮物浓度 SS_0 （mg/L）

绘制沉淀柱及管路连接图。

（2）实验数据整理

将表 4-9 实验数据进行整理，并计算各取样点的去除率 E，列于表 4-10。

表 4-10   各取样点悬浮物去除率 E 值计算

取样深度/m	取样点			
	1	2	3	4
	沉淀时间/min			
	20	40	60	80
0.35				
0.70				
1.05				
1.40				
1.75				

（3）以沉淀时间 t 为横坐标，以取样深度为纵坐标，将各取样点的去除率填在各取样点的坐标上，如图 4-8 所示。

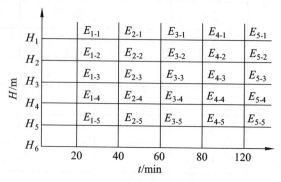

图 4-8   各取样点去除率

（4）在上述基础上，用内插法绘出等去除率曲线。E 最好是以 5% 或 10% 为一间距，如 25%、35%、45% 或 20%、25%、30%。

（5）选择某一有效水深 H，过 H 作 x 轴平行线，与各去除率曲线相交，再根据公式（4-14）计算不同沉淀时间的总去除率。

（6）以沉淀时间 t 为横坐标，E 为纵坐标，绘制不同有效水深 H 的 E-t 关系曲线，及 E-u 曲线。

六、注意事项

（1）向沉淀柱进水时，速度要适中，既要防止悬浮物由于进水速度过慢而絮凝沉淀，又要防止由于进水速度过快，沉淀开始后柱内还存在紊流，影响沉淀效果。

（2）由于同时要由每个柱的 5 个取样口取样，故人员分工、烧杯编号等准备工作要做好，以便能在较短的时间内，从上至下准确地取出水样。

（3）测定悬浮物浓度时，一定要注意两平行水样的均匀性。

（4）注意观察、描述颗粒沉淀过程中自然絮凝作用及沉速的变化。

七、思考题

（1）观察絮凝沉淀现象，并叙述与自由沉淀现象有何不同，实验方法有何区别。

（2）两种不同性质的污水经絮凝实验后，所得同一去除率的曲线的曲率不同，试分析其原因，并加以讨论。

（3）实际工程中，哪些沉淀属于絮凝沉淀？

实验四　阳离子树脂交换容量测定实验

一、实验目的

（1）了解离子交换树脂交换容量的概念，通过实验，加深对离子交换树脂的总交换容量的认识；

（2）熟悉静态法测定总交换量的操作方法。

二、实验原理

离子交换树脂是一种高分子聚合物的有机交换剂，具网状结构，在水、酸、碱中难溶，对有机溶剂、氧化剂、还原剂及其他化学试剂具有一定的稳定性，对热也比较稳定。在离子交换树脂的网状结构的骨架上，有许多可以与溶液中离子起交换作用的活性基团，如—SO_3H、—$COOH$、$=NOH$ 等。

离子交换树脂根据其基团的种系分为苯乙烯系树脂和丙烯酸系树脂，树脂中的化学活性基团的种系决定了树脂的主要性质和种系。首先区分为阳离子树脂和阴离子树脂，它们可分别与溶液中的阳离子和阴离子进行交换。阳离子树脂又分为强酸性和弱酸性，阴离子交换树脂又分为强碱性和弱碱性两系。

交换容量 Q 是表征树脂性能的重要数据，用单位质量干树脂或者单位体积湿树脂所能吸附的一价离子的物质的量（单位：mmol）来表示。其标志离子交换树脂交换能力的大小，是衡量离子交换树脂性能的重要参数。交换容量可分为全交换容量和工作交换容量。在一定操作条件下实际测得的交换容量称为工作交换容量。它是指在实际操作条件下单位体积（或质量）树脂中实际参加交换的活性基团。它的大小不是固定不变的，而是与溶液的离子浓度、树脂床的高度、流速、树脂粒度的大小以及交换基团类型等因素有关。

实验中使用的是国产 732 型阳离子交换树脂，它是苯乙烯系强酸型阳离子交换树脂，含有的活性基团是—SO_3H（磺酸基），其中的 H^+ 可被溶液中的阳离子交换。其单元结构式为：

单元结构式中共有 8 个碳原子、8 个氢原子、3 个氧原子、一个硫原子，其分子量等于 $8 \times 12.011 + 8 \times 1.008 + 3 \times 15.9994 + 1 \times 32.06 = 184.2$，只有强酸基团—$SO_3H$ 中的 H 遇水电离形成 H^+，可以交换，即每 184.2 g 干树脂中只有 1 克当量可交换离子。所以，每克干树脂具有可交换离子 $1/184.2 = 0.00543$ e $= 5.43$ me。扣去交联剂所占份量（按 8% 重量计），则强酸干树脂交换容量应为 $5.43 \times 92/100 = 4.99$ me/g。此值与实际测定值差别不大。0.01×7 强酸性苯乙烯系阳离子交换树脂交换容量规定为 ≥ 4.2 me/g（干树脂）。

将一定量 H^+ 型树脂装入交换柱或锥形瓶中，用 NaCl 溶液中的 Na^+ 与交换柱或锥形瓶中树脂上的 H^+ 进行交换，交换下来的 H^+ 用已知浓度的 NaOH 滴定。根据 NaOH 的浓度和滴定消耗的体积计算交换容量。

$$Q = \frac{C_{NaOH} \times V_{NaOH}}{m_{树脂} \times 固体含量(\%)} \quad \text{mmol/g（干树脂）} \tag{4-15}$$

三、实验设备和药剂

（1）0.1 mol/L NaOH 标准溶液；
（2）阳离子交换树脂 732#（H 型）；
（3）1% 酚酞指示剂；
（4）0.5 mol/L NaCl 溶液；
（5）电子天平（万分之一）；
（6）烘箱；
（7）干燥器；
（8）250 mL 三角瓶、无色酸式滴定管、铁架台等。

四、实验步骤

1. 强酸性阳离子交换树脂的预处理

取样品约 10 g 以 1 mol/L 盐酸及 1 mol/L NaOH 轮流浸泡，即按酸—碱—酸顺序浸泡

3 次，每次 2 h，浸泡液体积约为树脂体积的 2 ~ 3 倍。在酸碱互换时应用去离子水进行洗涤，分别洗涤至 pH 约为 4 和 pH 约为 10。3 次浸泡结束用无离子水洗涤至溶液呈中性。

2．测强酸性阳离子交换树脂固体含量（%）

称取一份质量约为 1.0000 g 的树脂，将其中一份放入 105 ~ 110 ℃ 烘箱中约 2 h，烘干至恒重后放入氯化钙干燥器中冷却至室温，称重，记录干燥后的树脂重（表 4-11）。

$$固体含量(\%) = \frac{干燥后的树脂重}{样品重} \times 100\%$$

表 4-11　强酸性阳离子交换树脂固体含量测定记录

湿树脂样品重 W/g	干燥后的树脂重 W_1/g	树脂固体含量/%

3．强酸性阳离子交换树脂交换容量的测定

称取 3 份质量约为 1.0000 g 的树脂，分别置于 250 mL 三角烧瓶中，投加 0.5 mol/L NaCl 溶液 100 mL，手摇动或置于振荡器振荡 30 min，加入 1% 酚酞指示剂 3 滴，用标准 0.10000 mol/L NaOH 溶液进行滴定，至呈微红色 15 s 不褪色，即为终点。记录 NaOH 标准溶液的浓度及用量（表 4-12）。

表 4-12　强酸性阳离子交换树脂交换容量测定记录

实验项目	1	2	3
湿树脂样品重 W/g			
NaOH 标准溶液的浓度/（mol/L）			
NaOH 标准溶液的用量 V/mL			
交换容量/（mmol/g 干树脂）			
交换容量平均值 $\bar{Q}$			

五、数据整理

（1）根据实验测定数据计算树脂固体含量。
（2）根据实验测定数据计算树脂交换容量。

六、思考题

（1）测定强酸性阳离子交换树脂的交换容量为何用强碱液 NaOH 滴定？
（2）写出本实验有关反应的化学方程式。

实验五 离子交换软化实验

一、实验目的

（1）熟悉顺流再生固定床运行操作过程。
（2）加深对钠离子交换基本理论的理解。

二、实验原理

当含有钙盐及镁盐的水通过装有阳离子交换树脂的交换器时，水中的 Ca^{2+} 及 Mg^{2+} 便与树脂中的可交换离子（Na^+ 或 H^+）交换，使水中 Ca^{2+}、Mg^{2+} 含量降低或基本全部去除，这个过程叫作水的软化。树脂失效后要进行再生，即把树脂上吸附的钙、镁离子置换出来，代之以新的可交换离子。钠离子交换用食盐（NaCl）再生，氢离子交换用盐酸（HCl）或硫酸（H_2SO_4）再生。基本反应式如下：

1. 钠离子型交换树脂

软化：

$$
2RNa + Ca\left\{\begin{array}{l}(HCO_3)_2 \\ \\ Cl_2 \\ \\ SO_4\end{array}\right. \longrightarrow R_2Ca + \left\{\begin{array}{l}2NaHCO_3 \\ \\ NaCl \\ \\ Na_2SO_4\end{array}\right.
$$

$$
2RNa + Mg\left\{\begin{array}{l}(HCO_3)_2 \\ \\ Cl_2 \\ \\ SO_4\end{array}\right. \longrightarrow R_2Mg + \left\{\begin{array}{l}2NaHCO_3 \\ \\ NaCl \\ \\ Na_2SO_4\end{array}\right.
$$

再生：

$$R_2Ca + 2NaCl \longrightarrow 2RNa + CaCl_2$$
$$R_2Mg + 2NaCl \longrightarrow 2RNa + MgCl_2$$

2．氢离子型交换树脂

交换：

$$2RH + Ca \begin{cases} (HCO_3)_2 \\ Cl_2 \\ SO_4 \end{cases} \longrightarrow R_2Ca + \begin{cases} 2H_2CO_3 \\ 2HCl \\ H_2SO_4 \end{cases}$$

$$2RH + Mg \begin{cases} (HCO_3)_2 \\ Cl_2 \\ SO_4 \end{cases} \longrightarrow R_2Mg + \begin{cases} 2H_2CO_3 \\ 2HCl \\ H_2SO_4 \end{cases}$$

再生：

$$R_2Ca + \begin{cases} 2HCl \\ H_2SO_4 \end{cases} \longrightarrow 2RH + \begin{cases} CaCl_2 \\ CaSO_4 \end{cases}$$

$$R_2Mg + \begin{cases} 2HCl \\ H_2SO_4 \end{cases} \longrightarrow 2RH + \begin{cases} MgCl_2 \\ MgSO_4 \end{cases}$$

钠离子型交换树脂的最大优点是不出酸性水，但不能脱碱（HCO_3^-）；氢离子型交换树脂能去除碱度，但出酸性水。本实验采用钠离子型交换树脂。

三、实验设备和试剂

（1）软化装置 1 套，如图 4-9 所示；

（2）100 mL 烧杯 2 个；

（3）测硬度所需试剂；

（4）10% 的食盐再生液；

（5）3% HCl、5% NaOH 溶液。

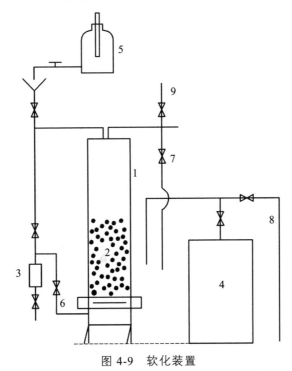

图 4-9　软化装置

1—软化柱；2—阳离子交换树脂；3—转子流量计；4—软化水箱；5—定量投再生液瓶；
6—反洗进水管；7—反洗排水管；8—清洗排水管；9—排气管

四、实验步骤

（1）掌握实验装置每条管路、每个阀门的作用。

（2）测原水硬度，测量交换柱内径及树脂层高度（表 4-13）

表 4-13　原水硬度及实验有关数据

原水硬度（以 CaCO$_3$ 计）/（mg/L）	交换柱内径/cm	树脂层高度/cm	树脂名称及型号

（3）将交换柱内树脂反洗数分钟，以去除树脂层的气泡。

（4）软化：运行流量采用 16 L/h，每隔 10 min 测一次水硬度，测两次并进行比较。

（5）改变运行流量：流量分别取 24 L/h、32 L/h、40 L/h，每个流速下运行 5 min，测出水硬度（表 4-14）。

表 4-14　交换实验记录

运行流速/（cm/h）	运行流量/（L/h）	运行时间/min	出水硬度（以 CaCO$_3$ 计/（mg/L）
	16	10	
	16	10	
	24	5	
	32	5	
	40	5	

（6）反洗：冲洗水用自来水，反洗流速采用 16 L/h，反洗时间 15 min。反洗结束，将水放到水面高于树脂表面 10 cm 左右，数据记录于表 4-15 中。

表 4-15　反洗记录

反洗流速/（cm/h）	反洗流量/（L/h）	反洗时间/min

（7）根据软化装置树脂工作交换容量、树脂体积、顺流再生钠离子交换 NaCl 耗量以及食盐 NaCl 含量（海盐 NaCl 含量在 80%～93%），计算再生一次所需食盐量。配制含量 10% 的食盐再生液。

（8）再生：再生流量采用 16～24 L/h。调节定量投再生液瓶出水阀门开启度大小，以控制再生流速。再生液用毕时，将树脂在盐液中浸泡数分钟，数据记录入表 4-16 中。

表 4-16　再生记录

再生一次所需食盐量/kg	再生一次所需 10% 的食盐再生液/L	再生流速/（cm/h）	再生流量/（mL/s）

（9）清洗：清洗流速采用 16 L/h，每 5 min 测一次出水硬度，有条件还可测氯根，直至出水水质符合要求为止。清洗时间约需 50 min，数据记录入表 4-17 中。

表 4-17 清洗记录

清洗流速/（cm/h）	清洗流量/（L/h）	清洗历时/min	出水硬度（以 CaCO₃ 计）/（mg/L）
	16	5	
		10	
		15	
		20	
		25	
		30	
		35	
		40	
		45	
		50	

（10）清洗完毕结束实验，交换柱内树脂应浸泡在水中。

五、数据整理

（1）绘制不同运行流量与出水硬度关系的变化曲线。

（2）绘制不同清洗历时与出水硬度关系的变化曲线。

六、思考题

（1）水流流速对离子交换运行结果的影响有哪些？

（2）本实验钠离子交换运行出水硬度是否小于 0.05 me/L？影响出水硬度的因素有哪些？

（3）影响再生剂用量的因素有哪些？再生液浓度过高或过低有何不利影响？

实验六　折点加氯消毒实验

一、实验目的

（1）掌握折点加氯消毒的实验技术；

（2）通过实验，探讨某含氨氮水样与不同氯量接触一定时间的情况下，水中游离性余氯、化合性余氯及总余氯与投氯量之间的关系。

二、实验原理

水中加氯作用主要有三个方面：

（1）原水中不含氨氮时，向水中投加氯气或者漂白粉能够生成次氯酸和次氯酸根，反应式如下：

$$Cl_2 + H_2O \Longrightarrow HOCl + H^+ + Cl^-$$

$$2CaOCl + 2H_2O \Longrightarrow 2HOCl + Ca(OH)_2 + CaCl_2$$

$$HOCl \Longrightarrow H^+ + OCl^-$$

次氯酸和次氯酸根均有消毒作用，前者消毒效果较好。$HOCl$ 是中性分子，可以扩散到细菌内部，破坏细菌的酶系统，妨碍细菌的新陈代谢，导致细菌死亡。

水中的 $HOCl$ 和 OCl^- 称为游离性氯。

（2）当水中含有氨氮时，加氯后生成次氯酸和氯胺，反应式如下：

$$NH_3 + HOCl \Longrightarrow NH_2Cl + H_2O$$

$$NH_2Cl + HOCl \Longrightarrow NHCl_2 + H_2O$$

$$NHCl_2 + HOCl \Longrightarrow NCl_3 + H_2O$$

次氯酸和氯胺均有消毒作用，次氯酸、一氯胺、二氯胺和三氯胺（又名三氯化氮）在水中均可能存在，它们在平衡状态下的含量比例取决于氨氮的相对浓度、pH值和温度。

当 pH = 7~8 时，1 mol 氯与 1 mol 氨氮作用生成 1 mol 一氯胺，氯与氨氮（以 N 计）的重量比约为 5∶1。

当 pH = 7~8 时，2 mol 氯与 1 mol 氨氮作用生成 1 mol 二氯胺，氯与氨氮（以 N 计）的重量比为约为 10∶1。

当 pH = 7~8 时，3 mol 氯与 1 mol 氨氮作用生成 1 mol 三氯胺，氯与氨氮（以 N

计）的重量比为大于 10:1，并出现游离氯；同时随着投氯量的不断增加，水中游离氯越来越多。

水中有氯胺时，ADW 水解生成次氯酸起消毒作用，消毒作用比较缓慢，接触时间不能小于 2 h。

水中的 NH_2Cl、$NHCl_2$，NCl_3 称为化合性氯。化合性氯消毒效果不如游离性氯。

（3）氯还能与水中的含碳物质，铁、锰、硫化氢及藻类起氧化作用。

水中含有氨氮和其他消耗氯的物质时，投氯量与余氯量的关系可以参见折点加氯曲线（图 4-10）。

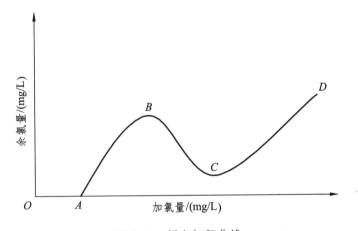

图 4-10　折点加氯曲线

OA 段，投氯量太少，氯完全被消耗，余氯量为 0。

AB 段，余氯主要为一氯胺。

BC 段，一氯胺与次氯酸作用，部分生成二氯胺，部分产生下面反应：

$$NH_2Cl + HOCl = N_2 \uparrow + 3HCl + H_2O$$

结果使氨氮被氧化生成一些不起消毒作用的化合物，总余氯逐渐减少，最后到最低的折点 C 点，余氯值最少，称为折点。

CD 段，C 点后出现三氯胺和游离性氯，随着加氯量的增加，游离性余氯越来越多。

按大于折点的量来投加氯称为折点加氯。其有两个优点，一是可以去除水中大多数产生臭味的物质；二是有游离性余氯，消毒效果好。

三、实验设备及试剂

（1）水箱或水桶 1 个，能盛水几十升；

（2）50 mL 及 100 mL 比色管若干；

（3）1000 mL 烧杯 12 个；

（4）1 mL、2 mL 及 5 mL 移液管；

（5）1000 mL 量筒；

（6）温度计 1 支。

四、实验步骤及记录

1．药剂制备

（1）1% 浓度的氨氮溶液 100 mL

称取 3.819 g 干燥过的无水氯化胺，溶于不含氨的蒸馏水中，稀释至 100 mL，其氨氮浓度为 1%，即 10 g/L。

（2）1% 浓度的漂白粉溶液 500 mL

称取漂白粉 5 g，溶于 100 mL 蒸馏水中调成糊状，然后稀释至 500 mL 即得。其有效氯含量约为 2.5 g/L。

2．水样制备

取自来水 20 L，加入 1% 浓度氨氮溶液 2 mL，混匀，即得实验用原水，其氨氮含量约为 1 mg/L。

3．测原水水温及氨氮含量

填入表 4-18 中。

4．进行折点加氯实验

（1）在 12 个 1000 mL 烧杯中盛原水 1000 mL。

（2）当加氯量分别为 1、2、4、6、7、8、9、10、12、14、16、18、20 mg/L 时，计算 1% 浓度漂白粉溶液的投加量（mL）。

（3）将 12 个盛有 1000 mL 原水的烧杯编号（1，2，…，12），依次投加 1% 浓度的漂白粉溶液，其投加量分别为 1、2、4、6、7、8、9、10、12、14、16、18、20 mg/L，快速混匀 2 h，立即测各烧杯水样的游离氯、化合氯及总氯的量。各烧杯水样测余氯方法相同，均采用邻联甲苯氨亚砷酸盐比色法，步骤如下：

① 取 100 mL 比色管 3 支，标注甲、乙、丙。

② 吸取 100 mL 水样，投入甲管中，立即投加 1 mL 邻联甲苯氨溶液，立即混匀，迅速投加 2 mL 亚砷酸钠溶液，混匀，越快越好；2 min 后（从邻联甲苯氨溶液混匀后算起）立即与余氯标准比色溶液比色，记录结果 A。A 表示该水样游离余氯和干扰物质与邻联甲苯氨迅速混合后所产生的颜色。

③ 吸取 100 mL 水样，投入乙管中，立即投加 2 mL 亚砷酸钠溶液，混匀，迅速

投加 1 mL 邻联甲苯氨溶液，2 min 后立即与余氯标准比色溶液比色，记录结果 B_1。待 15 min 后（从加入邻联甲苯氨溶液混匀后算起），再取乙管中水样与标准比色溶液比较，记录结果 B_2。B_1 代表干扰物质与邻联甲苯氨溶液迅速混匀后产生的颜色；B_2 代表干扰物质与邻联甲苯氨溶液混匀 15 min 后所产生的颜色。

④ 吸取 100 mL 水样，投入丙管中，并立即投加 1 mL 邻联甲苯氨溶液，立即混匀，静止 15 min，再与余氯标准比色溶液比色，记录结果 C。C 代表总余氯和干扰物质与邻联甲苯氨溶液混匀 15 min 后所产生的颜色。

⑤ 总余氯 D（mg/L）$= C - B_2$；游离性余氯 E（mg/L）$= A - B_1$；化合性余氯（mg/L）$= D - E$。

五、数据整理

根据比色测定结果计算余氯（填入表 4-18），绘制游离余氯、化合余氯及总余氯与投氯量的关系曲线。

表 4-18　折点加氯实验记录

原水水温/°C		氨氮含量/（mg/L）					漂白粉溶液含氯量/（mg/L）					
水样编号	1	2	3	4	5	6	7	8	9	10	11	12
漂白粉溶液投加量/mL												
加氯量/（mg/L）												
比色测定结果 /（mg/L）	A											
	B_1											
	B_2											
	C											
余氯计算	总余氯/（mg/L）$D = C - B_2$											
	游离性余氯/（mg/L）$E = A - B_1$											
	化合性余氯/（mg/L）$D - E$											

六、思考题

（1）水中含有氨氮时，投氯量与余氯量关系曲线为何出现折点？

（2）有哪些因素影响投氯量？

（3）本实验原水如采用折点后加氯消毒，应有多大的投氯量？

实验七 过滤实验

一、实验目的

（1）观察过滤及反冲洗现象，进一步掌握过滤及反冲洗原理。

（2）了解过滤及反冲洗实验设备的组成与构造。

（3）掌握光电浊度仪测定浊度的操作方法。

（4）加深对滤速、冲洗强度、滤层膨胀率、初滤水浊度的变化以及冲洗强度与滤层膨胀率关系的理解。

二、实验原理

滤池净化的主要作用是接触凝聚作用，水中经过絮凝的杂质截留在滤池之中，或者有接触絮凝作用的滤料表面粘附水中的杂质。

滤层去除水中杂质的效果主要取决于滤料的总面积。滤速大小、滤料颗粒的大小和形状，过滤进水中悬浮物含量及截留杂质在垂直方向的分布决定滤层的水头损失。当滤速大、滤料颗粒粗、滤料层较薄时，滤过水水质很快变差，过滤水质的周期变短；若滤速大，滤料颗粒细，滤池中的水头损失增加很快，这样很快达到过滤压力周期。

滤料层在反冲洗时，当膨胀率一定，滤料颗粒越大，所需冲洗强度便越大；水温越高，所需冲洗强度也越大。反冲洗开始时，承托层、滤料层未完全膨胀，相当于滤池处于反向过滤状态，当反冲洗速度增大后，滤料层完全膨胀，处于流态化状态。

三、实验设备与试剂

（1）过滤装置1套，如图4-11所示。

（2）光电式浊度仪1台。

（3）200 mL 烧杯2个，取水样测浊度用。

（4）20 mL 量筒1个。

（5）2 m 钢卷尺1个

（6）秒表1块，温度计1根。

（7）10% 硫酸铝或氯化铁试剂。

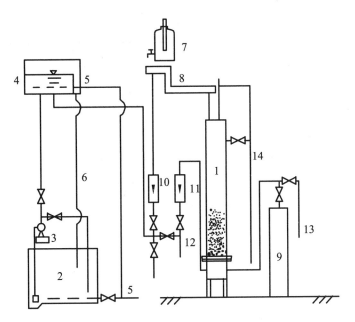

图 4-11　过滤装置

1—滤柱；2—原水水箱；3—水泵；4—高位水箱；5—空气管；6—溢流管；7—定量投药瓶；
8—跌水混合箱；9—清水箱；10—滤柱进水转子流量计；11—冲洗水转子流量计；
12—自来水管；13—初滤水排水管；14—冲洗水排水管

四、实验步骤及记录

（1）将滤料进行一次冲洗，以便去除率层内的气泡。

（2）冲洗完毕，打开初滤水排水阀门，降低柱内水位。将滤柱有关数据记入表 4-19。

表 4-19　滤柱有关数据

滤柱内径/mm	滤料名称	滤料粒径/cm	滤料层厚度/cm

（3）调整定量投药瓶投药量，使过滤流量为 100 L/h 时投药量符合要求，开始投药。

（4）测定进水浊度和水温，通入浑水，开始过滤，流量为 100 L/h。开始过滤后的 1 min、3 min、5 min、10 min、20 min 及 30 min 测出水浊度，将有关数据记入表 4-20。

（5）加大流量至 200 L/h，加大流量后的 1 min、3 min、5 min、10 min、20 min 及 30 min 测出水浊度，将有关数据记入表 4-20。

表 4-20　过滤过程记录

滤速/（m/h）	流量/（L/h）	投药量/（mg/L）	过滤时间/min	进水浊度	出水浊度
100			1		
			3		
			5		
			10		
			20		
			30		
200			1		
			3		
			5		
			10		
			20		
			30		

（6）提前结束过滤，用设计规范规定的冲洗强度、冲洗时间进行冲洗，观察整个滤层是否均已膨胀。冲洗快结束时，取冲洗排水测浊度。测冲洗水温。将有关数据记入表 4-21。

表 4-21　冲洗过程记录

冲洗强度/[L/（m² · s）]	冲洗流量/（L/h）	冲洗时间/min	冲洗水温/℃	滤层膨胀情况

（7）滤速与清洁滤层水头损失的关系实验：通入清水，测不同流量（100 L/h、200 L/h、300 L/h、400 L/h、500 L/h）时滤层顶部的测压管水位和滤层底部附近的测压管水位，测水温。将有关数据记入表 4-22。停止冲洗，结束实验。

表 4-22　滤速与清洁层水头损失的关系

滤速/（m/h）	流量/（L/h）	清洁滤层顶部的测压管水位/cm	清洁滤层底部的测压管水位/cm	清洁滤层水头损失/cm

五、数据整理

（1）以过滤时间为横坐标、出水浊度为纵坐标，绘制流量为 100 L/h 时的出水浊度变化曲线。绘制流量为 200 L/h 时的出水浊度变化曲线。

（2）以滤速为横坐标、清洁滤层水头损失为纵坐标，绘制滤速与清洁滤层水头损失的关系曲线。

六、注意事项

滤柱用自来水冲洗时，要注意检查冲洗流量，给水管网压力的变化及其他滤柱的冲洗都会影响冲洗流量，应及时调节冲洗水给水阀门开启度，尽量保持冲洗流量不变。

七、思考题

（1）滤层内有空气泡时对过滤、冲洗有何影响？

（2）当原水浊度一定时，采取哪些措施，能降低出滤水的浊度？

（3）冲洗强度为何不宜过大？

实验八　间歇式活性炭吸附实验

活性炭吸附是目前国内外应用较多的一种水处理工艺。由于活性炭种类多、可去除物质复杂，因此掌握"间歇法"与"连续法"确定活性炭吸附工艺设计参数的方法，对水处理工程技术人员至关重要。

一、实验目的

（1）通过实验进一步了解活性炭的吸附工艺及性能，并熟悉整个实验过程的操作。
（2）掌握用"间歇法"确定活性炭处理污水的设计参数的方法。

二、实验原理

活性炭吸附是目前国内外应用较多的一种水处理手段。由于活性炭对水中大部分污染物都有较好的吸附作用，因此活性炭吸附应用于水处理时往往具有出水水质稳定、适用于多种污水的优点。活性炭吸附常用来处理某些工业污水，在有些特殊情况下也用于给水处理。比如当给水水源中含有某些不易去除而且含量较少的污染物时；某些偏远小居住区尚无自来水厂，需临时安装一小型自来水生产装置时，往往使用活性炭吸附装置。但由于活性炭的造价较高，再生过程较复杂，所以活性炭吸附的应用尚具有一定的局限性。

活性炭吸附就是利用活性炭的固体表面对水中一种或多种物质的吸附作用，以达到净化水质的目的。活性炭的吸附作用产生于两个方面，一是由于活性炭内部分子在各个方向都受到同等大小的力，而在表面的分子则受到不平衡的力，这就使其他分子吸附于其表面上，此为物理吸附；另一个是由于活性炭与被吸附物质之间的化学作用，此为化学吸附。活性炭的吸附是上述两种吸附综合作用的结果。当活性炭在溶液中的吸附速度和解吸速度相等时，即单位时间内活性炭吸附的物质数量等于解吸的数量时，此时被吸附物质在溶液中的浓度和在活性炭表面的浓度均不再变化，达到了平衡，此时的动态平衡称为活性炭吸附平衡，而此时被吸附物质在溶液中的浓度称为平衡浓度。活性炭的吸附能力以吸附量 q 表示。

$$q = \frac{V(C_0 - C)}{M} = \frac{X}{M} \tag{4-16}$$

式中　q——活性炭吸附量，即单位重量的吸附剂所吸附的物质重量，g/g；
　　　V——污水体积，L；

C_0，C ——吸附前原水及吸附平衡时污水中的物质浓度，g/L；

　　X ——被吸附物质重量，g；

　　M ——活性炭投加量，g；

在温度一定的条件下，活性炭的吸附量随被吸附物质平衡浓度的提高而提高，两者之间的变化曲线称为吸附等温线，通常用费兰德利希经验式加以表达。

$$q = K \cdot C^{\frac{1}{n}} \tag{4-17}$$

式中　q ——活性炭吸附量，g/g；

　　C ——被吸附物质平衡浓度 g/L；

　　K，n ——与溶液的温度、pH 值以及吸附剂和被吸附物质的性质有关的常数。

K、n 值求法如下：通过间歇式活性炭吸附实验测得 q、C ——相应之值，将式（4-17）取对数后变为下式：

$$\lg q = \lg K + \frac{1}{n} \lg C \tag{4-18}$$

将 q、C 相宜值点绘在双对数坐标纸上，所得直线的斜率为 $\frac{1}{n}$，截距则为 K。

$\frac{1}{n}$ 值越小，活性炭吸附性能越好，一般认为当 $\frac{1}{n} = 0.1 \sim 0.5$ 时，水中欲去除杂质易被吸附；$\frac{1}{n} > 2$ 时难于吸附。当 $\frac{1}{n}$ 较小时，多采用间歇式活性炭吸附操作；当 $\frac{1}{n}$ 较大时，最好采用连续式活性炭吸附操作。

三、实验设备及试剂

（1）间歇式活性炭吸附实验装置，如图 4-12 所示。

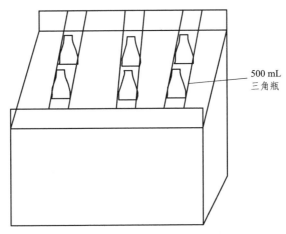

500 mL
三角瓶

图 4-12　间歇式活性炭吸附装置

（2）康氏振荡器 1 台。

（3）500 mL 三角烧杯 6 个。

（4）烘箱。

（5）COD、SS 等测定分析装置，玻璃器皿、滤纸等。

（6）活性炭。

四、实验步骤及记录

1. 间歇式活性炭吸附实验

（1）将某污水用滤布过滤，去除水中悬浮物，或自配污水，测定该污水的 COD、pH、SS 等值。

（2）在 6 个 500 mL 的三角烧瓶中分别投加 0、100、200、300、400、500 mg 粉状活性炭。

（3）在每个三角烧瓶中投加同体积的过滤后的污水，使每个烧瓶中的 COD 浓度与活性炭浓度的比值在 0.05~5.0（没有投加活性炭的烧瓶除外）。

（4）测定水温，将三角烧瓶放在振荡器上振荡，当达到吸附平衡时即可停止振荡（振荡时间一般为 30 min 以上）。

（5）过滤各三角烧瓶中的污水，测定其剩余 COD 值，求出吸附量 X。

实验记录如表 4-23 所示。

表 4-23　活性发间歇吸附实验记录

序号	原污水				出水			污水体积/mL 或 L	活性炭投加量/mg 或 g	COD 去除率/%	备注
	COD/(mg/L)	pH	水温/°C	SS/(mg/L)	COD/(mg/L)	pH	SS/(mg/L)				

五、数据整理

（1）按表 4-23 记录的原始数据进行计算。

（2）按式（4-16）计算吸附量 q。

（3）利用 q-C 相应数据和式（4-17），经回归分析求出 K、n 值或利用作图法，将 C 和相应的 q 值在双对数坐标纸上绘制出吸附等温线，直线斜率为 $\dfrac{1}{n}$，截距为 K。

六、思考题

（1）吸附等温线有什么现实意义？
（2）作吸附等温线时为什么要用粉状炭？

实验九　紫外-双氧水脱色实验

一、实验目的

（1）掌握紫外光和双氧水脱色的原理。

（2）熟悉实验装置操作过程。

二、实验原理

工业废水排放量大，排出废水占用水量的 70% ~ 90%。由于废水中含有大量的有色的有机物，因此有些废水色度高。色度是公众容易产生意见的感官指标之一，而且去除较难。

目前，降低废水色度主要采用如下 5 大类方法：

（1）活性炭吸附，这种方法工艺比较简单，但活性炭需要高温再生，造成能耗、成本高，设备占地面积大。活性炭的频繁反洗，带来了操作不便、耗费大量的水、而且排放废液易造成二次污染的弊病。

（2）用混凝法处理，应用广泛；但存在如下缺点：设备占地面积大，需耗费大量混凝剂，混凝沉降后产生的污泥会造成二次污染。

（3）用臭氧法，效果较好，但因为还需配有制氧设备，处理费用高，耗电也大。另外，现场制备臭氧造成处理废水色度的运行费用高。

（4）用双氧水（H_2O_2）处理，效果比较差，即使将 H_2O_2 浓度提高到 0.1 mol/L，经 2 h 后，色度降低仍很有限。

（5）用传统的水处理方法，如氧化塘法、塔式生物滤池和接触氧化法等降低废水色度，脱色效果一般都不理想。

185 nm 紫外线是一种波长较短、能量较高的紫外线，其能量为 6.7 eV，而一般用于水中的 254 nm 紫外线，其能量为 4.88 eV。185 nm 紫外光直接作用于水，引起水的均裂反应：

$$H_2O \xrightarrow{185 \text{ mn UV}} \cdot OH + \cdot H \tag{1}$$

$$H_2O \xrightarrow{185 \text{ mn UV}} H^+ + \cdot OH + e_{aq} \tag{2}$$

反应（1）的产率为 0.33，反应（2）的产率为 0.05，因而 185 nm 紫外线照射水时，在所能照射的范围内可以产生高浓度的活性中间体·OH、·H 和 e_{aq}（水合电子），而且 H_2O_2 在紫外线的作用下也可以生成·OH：

$$H_2O_2 \xrightarrow{\text{UV}} 2HO\cdot \qquad\qquad （3）$$

这些活性中间体再与有机物的发色基团发生亲电或亲核反应,引起有机物的降解,从而使废水色度降低。用 185 nm UV 加 H_2O_2 降低废水的色度,适用多种颜色的废水。

三、实验设备和试剂

（1）双氧水,含量不低于 30%。
（2）紫外灯,波长 185 nm 或 254 nm。
（3）水泵、储水槽。
（4）测色度所需仪器,试剂。

四、实验步骤

（1）原水配制:取印染废水或自配污水。
（2）将足够量的原水装入储水槽,测原水色度,并记录。
（3）比较紫外、H_2O_2、紫外和 H_2O_2 三种方法的脱色率,并分析原因。将原水平均分为 3 份,第一份原水中只加 H_2O_2,搅拌 5 min 后测色度,并记录;第二份原水通入装有 185（254）nm UV 灯的反应器中,调节流量计的流量为 20~60 L/h 的循环流量,循环处理 5 min 后,再由出水水槽取样,测色度,并记录;第三份原水中加入 H_2O_2 保持其浓度 0.1 mol/L,立即通入装有 185（254）nm UV 灯的反应器中,调节流量计的流量为 20~60 L/h 的循环流量,循环处理 5 min 后,再由出水水槽取样,测色度,并记录。

五、数据整理

测定脱色前后的水样的色度,并计算比较和分析脱色率。

六、注意事项

（1）加入 H_2O_2 后,水样要搅拌均匀。
（2）水样加入量应足够填充反应器容积,以便能够进行循环处理。

七、思考题

（1）单独用紫外灯进行脱色效果会怎样?
（2）H_2O_2 加入量、紫外光波长、水流流速对脱色效果有何影响?

实验十 Fenton 氧化实验

高级氧化是去除水及废水中有机污染物的有效方法之一，应用广泛。Fenton 氧化是高级氧化技术中较常用的方法，能产生活性极强的羟基自由基（·OH），反应速度快、选择性小，能快速氧化水体中的有机物，改变其形态和结构，降低其危害，兼具脱色除臭效果。Fenton 氧化处理过程易控制，当反应液 pH 为中性或碱性时，生产 $Fe(OH)_3$ 絮体，具备混凝作用。

本实验采用 Fenton 试剂（H_2O_2 + 催化剂亚铁盐）处理模拟的印染废水。

一、实验目的

（1）理解 Fenton 氧化法的原理。
（2）掌握 Fenton 氧化法的实验过程。

二、实验原理

Fenton 氧化法是以 H_2O_2 为氧化剂，以亚铁盐为催化剂的高级氧化法，用于处理水体中难以生物降解的有机物以及废水的脱色等。

在含 Fe^{2+} 的酸性溶液中投加 H_2O_2 时，产生·OH，它是一种氧化能力很强的自由基，具有较高的氧化还原电位，能无选择迅速氧化水体中的污染物，使有机物结构发生碳链裂解，生成易于微生物降解的小分子有机物，或者完全矿化为 CO_2 和 H_2O，具体反应过程如下：

$$Fe^{2+} + H_2O_2 \longrightarrow Fe^{3+} + \cdot OH + OH^-$$

$$Fe^{3+} + H_2O_2 \longrightarrow Fe^{2+} + HO_2 \cdot + H^+$$

$$Fe^{2+} + \cdot OH \longrightarrow Fe^{3+} + OH^-$$

$$Fe^{3+} + HO_2 \cdot \longrightarrow Fe^{2+} + O_2 + H^+$$

$$\cdot OH + H_2O_2 \longrightarrow H_2O + HO_2 \cdot$$

$$HO_2 \cdot \longrightarrow O_2^- + H^+$$

$$O_2^- + H_2O_2 \longrightarrow O_2 + \cdot OH + OH^-$$

在 Fe^{2+} 的催化作用下，H_2O_2 能产生两种活泼的羟基自由基，从而引发和传播自由基链反应，加快氧化过程。

从上述反应式可以看出，Fenton 氧化过程主要受到 pH、$c(Fe^{2+})$、$c(H_2O_2)$ 的影响。探究三者的最佳条件，可达到最好的氧化效果。

（1）pH 的影响

pH 值越低，$c(OH^-)$ 越小，反应向右进行，生成更多的 ·OH，氧化反应效率越高。Fenton 法通常需要酸性条件，pH 在 3~4，此时自由基生成速率最大。pH > 8 时，Fe^{2+} 开始形成絮体沉淀，氧化反应的效率降低。

（2）Fe^{2+} 投加量的影响

Fe^{2+} 既可以催化 H_2O_2 产生 ·OH，同时也能与 ·OH 反应，消耗 ·OH，Fe^{2+} 投加量过大对氧化反应不利，应确定一个最佳的投加量。

（3）H_2O_2 投加量的影响

一般来说，H_2O_2 的投加量越大，氧化反应速率越快。但 H_2O_2 也能与 ·OH 反应，消耗 ·OH。从经济上考虑也要控制 H_2O_2 的投加量。

三、实验材料与仪器

（1）实验废水：亚甲基蓝作为高共轭的阳离子有机染料，是印染废水中典型的有机污染物，配置初始浓度为 20 mg/L 的亚甲基蓝溶液模拟印染废水。

（2）30% 的 H_2O_2，稀释成浓度为 0.3% 的 H_2O_2。

（3）0.2% 的硫酸亚铁溶液。

（4）1 mol/L 的盐酸。

（5）1 mol/L 的氢氧化钠溶液。

（6）200 mL 烧杯 6 个。

（7）紫外-可见分光光度计。

四、实验步骤

1．pH 值对 Fenton 氧化效果的影响

取 6 个 200 mL 的烧杯，分别加入 100 mL 浓度为 20 mg/L 的亚甲基蓝溶液，用盐酸和氢氧化钠调节水样 pH 值为 2、3、4、5、6、7，控制 0.3% 的 H_2O_2 投加量为 2 mL，0.1% 的硫酸亚铁的投加量为 5 mL，搅拌，反应 1 h 后，利用分光光度计在 665 nm 处测定其吸光度，并根据标准曲线计算其浓度。

2．H_2O_2 投加量对 Fenton 氧化效果的影响

取 6 个 200 mL 的烧杯，分别加入 100 mL 浓度为 20 mg/L 的亚甲基蓝溶液，用盐

酸调节水样 pH 值为 4，控制 0.1% 的硫酸亚铁的投加量为 5 mL，0.3% 的 H_2O_2 投加量依次为 0.5、1、1.5、2、2.5、3 mL，反应 1 h 后，利用分光光度计在 665 nm 处测定其吸光度，并根据标准曲线计算其浓度。

3．硫酸亚铁对 Fenton 氧化效果的影响

取 6 个 200 mL 的烧杯，分别加入 100 mL 浓度为 20 mg/L 的亚甲基蓝溶液，用盐酸调节水样 pH 值为 4，控制 0.3% 的 H_2O_2 投加量为 2 mL，0.1% 的硫酸亚铁的投加量依次为 1、3、5、7、9、11 mL，反应 1 h 后，利用分光光度计在 665 nm 处测定其吸光度，并根据标准曲线计算其浓度。

可任选上述三项实验中的一项进行实验。

五、结果及分析

将所得的实验数据记入表 4-24。

表 4-24　Fenton 氧化实验结果

H_2O_2 投加量/mL	吸光值	浓度/（mg/L）
pH		
硫酸亚铁投加量/（mg/L）		

也可以作图表示实验结果。

六、思考题

（1）Fenton 氧化法的机理及适用条件是什么？

（2）Fenton 氧化的影响因素有哪些？各有怎样的影响？

第五章　废水的生物化学方法实验

实验一　清水充氧（曝气）实验

一、实验目的

（1）掌握曝气装置的充氧机理。

（2）学会测定曝气装置的氧总转移数 K_{La}。

二、实验原理

曝气的作用是向液相供给溶解氧。氧由气相转入液相的机理常用双膜理论来解释。双膜理论是基于在气液两相界面存在着两层膜（气膜和液膜）的物理模型，气膜和液膜对气体分子的转移产生阻力，氧在膜内总是以分子扩散方式转移，其速度总是慢于在混合液内发生的对流扩散方式的转移。所以只要液体内氧未饱和，则氧分子总会从气相转移到液相。

单位体积内氧转移速率为：

$$\frac{\mathrm{d}c}{\mathrm{d}t} = K_{La}(C_s - C) \qquad (5\text{-}1)$$

式中　$\dfrac{\mathrm{d}c}{\mathrm{d}t}$——单位体积内氧转移速率，$kg\ O_2/m^3 \cdot h$；

　　　K_{La}——液相中以浓度差为动力的总转移系数，1 h；

　　　C_s——液相氧的饱和浓度，mg/L；

　　　C——液相内氧的实际浓度，mg/L。

对公式（5-1）进行积分得

$$K_{La} = \frac{2.303}{t - t_0} \lg \frac{C_s - C_0}{C_s - C_t} \qquad (5\text{-}2)$$

式中　K_{La}——氧总转移系数，1/min 或 1/h；

　　　t_0、t——曝气时间，min；

　　　C_0——曝气开始时池内溶解氧浓度，$t_0 = 0$ 时，$C_0 = 0$，mg/L；

C_s——曝气池内液体饱和溶解氧值，mg/L；

C_t——曝气某一时刻 t 时，池内液体溶解氧浓度，mg/L。

由式（5-2）可见，影响氧传递速率 K_{La} 的因素很多，除了曝气设备本身结构尺寸、运行条件外，还与水质、水温等有关。为了进行互相比较，以及向设计、使用部门提供产品性能，产品给出的充氧性能均为清水，标准状态下，即清水（一般多为自来水）一个大气压、20 ℃下的充氧性能。常用指标有氧总转移系数 $K_{La(20)}$、充氧能力 E_L、动力效率 E_p 和氧转移效率 E_A。

清水（在现场用自来水或曝气池出流的清液）一般含有溶解氧，通过加入无水亚硫酸钠（或氮气）在氯化钴的催化作用下，能够把水体中的溶解氧消耗掉，使水中溶解氧降到零，其反应式为：

$$Na_2SO_3 + \frac{1}{2}O_2 \xrightarrow{CoCl_2} Na_2SO_4$$

通过使用空气压缩机或充氧泵把空气中的氧气打入水体，使水体系的溶解氧逐渐提高，直至溶解氧升高到接近饱和水平。

三、实验设备和材料

（1）平板叶轮表面曝气实验设备；

（2）秒表；

（3）量筒（1 L）、长玻棒、虹吸管；

（4）无水亚硫酸钠；

（5）氯化钴；

（6）溶解氧测定装置（DO 测定仪或碘量法测定 DO 所需的仪器、试剂）。

四、实验步骤

（1）给曝气池注入 7.0 L 自来水，测定其溶解氧，计算出水中溶解氧的含量。按照原理反应式可知，每除去 1 mg 的溶解氧需投加 8 mg 的无水亚硫酸钠，根据水中溶解氧的量便可计算出 Na_2SO_3 的需要量（实际投加时，应使用 10% ~ 20% 的超量）；投入氯化钴量应在 3.5 ~ 5 mg/L。使用时先将化学药剂进行溶解，然后投入曝气池，用长玻棒在不起泡的情况下搅拌，使其扩散反应完全（搅拌时间为 5 ~ 10 min），使亚硫酸根离子和水中的溶解氧浓度同时接近于零，测定池内水中溶解氧的浓度。

（2）当溶解氧测定仪的读数或指针为 0 后，开始启动电机进行曝气，计时，在稳定曝气的条件下，每隔一段时间（如 2 min）测定一次水中的溶解氧，并记录。曝气至溶解氧不再明显增长为止（达到近似饱和）。

（3）本次实验曝气强度为 2.5 m^3/m^2 时，风量约为 25 m^3/h。

五、数据整理

1．参数选用

因清水充氧实验给出的是标准状态下氧总转移系数 $K_{La(20)}$，即清水（本次实验用的是自来水）在 1.01×10^5 Pa、20 ℃ 下的充氧性能，而实验过程中曝气充氧的条件并非是 1.01×10^5 Pa、20 ℃。这些条件都对充氧性能有影响，故引入了压力、温度修正系数。

（1）温度修正系数

$$K = 1.024^{20-T} \tag{5-3}$$

修正后的氧总转移速率为

$$K_{Las} = K \cdot K_{La} = 1.024^{20-T} \times K_{La} \tag{5-4}$$

此为经验式，它考虑了水温对水的黏滞性和饱和溶解氧值的影响，国内外大多采用此式，本次实验也以此进行温度修正。

（2）水中饱和溶解氧值的修正

由于水中饱和溶解氧值受其中压力和所含无机盐种类及数量的影响，所以式（5-2）中的饱和溶解氧值最好用实测值，即曝气池内的溶解氧达到稳定时的数值。另外也可以用理论公式对饱和溶解氧标准值进行修正。

用埃肯费尔德公式进行修正。

$$P = \frac{P_b}{0.206} + \frac{Q_t}{42} \tag{5-5}$$

式中　P_b——空气释放点处的绝对压力；

$$P_b(MPa) = P_a + \frac{H}{10 \times 10} \tag{5-6}$$

P_a——0.1 MPa；

H——空气释放点距水面高度，m；

Q_t——空气中氧的克分子百分比；

$$Q_t = \frac{21(1-E_A)}{79 + 21(1-E_A)} \times 100\% \tag{5-7}$$

E_A——曝气设备氧的利用率，%。

则式（5-2）中饱和溶解氧值 C_s 应用下式求得：

$$C_{sm} = C_s \cdot P \qquad (5\text{-}8)$$

式中　C_{sm}——清水充氧实验池内经修正后的饱和溶解氧值，mg/L；

　　　C_s——1.01×10^5 Pa、某温度下氧饱和浓度理论值，mg/L；

　　　P——压力修正系数。

有实测饱和溶解氧值用实测值，无实测值可采用理论修正值。

2．氧总转移系数 $K_{La(20)}$

氧总转移系数 $K_{La(20)}$ 是指在单位传质推动力的作用下，在单位时间、向单位曝气液体中所充入的氧量。它的倒数 $1/K_{La(20)}$ 单位是时间，表示将满池水从溶解氧为零充到饱和值时所用时间，因此 $K_{La(20)}$ 是反映氧转移速率的一个重要指标。

$K_{La(20)}$ 的计算：根据实验记录，或溶解氧测定记录仪的记录和式（5-2），按表 5-1 计算；或者是在半对数坐标纸上，以（$C_{sm} - C_t$）为纵坐标，以时间 t 为横坐标绘图，求 $K_{La(T)}$ 值。

表 5-1　氧总转移系数 $K_{La(T)}$ 计算表

$t-t_0$ /min	C_t /(mg/L)	$C_s - C_t$ /(mg/L)	$\dfrac{C_s}{C_s - C_t}$	$\lg \dfrac{C_s}{C_s - C_t}$	$\tan\alpha = \dfrac{1}{t-t_0}$	$K_{La(T)}$ /(1/min)

求得 $K_{La(T)}$ 值后，利用式（5-4）求得 $K_{La(20)}$ 值。

3．充氧能力 E_L

充氧能力是反映曝气设备在单位时间内向单位液体中充入的氧量。

$$E_L[\text{kgO}_2/(\text{m}^3 \cdot \text{h})] = K_{La(20)} \cdot C_s \qquad (5\text{-}9)$$

式中　$K_{La(20)}$——氧总转移系数（标准状态），1/h 或 1/min；

C_s——1.01×10^5 Pa、20 ℃时氧饱和值，$C_s = 9.17$ mg／L。

4．动力效率 E_p

E_p 是指曝气设备每消耗 1 kW·h 电时转移到曝气液体中的氧量。由此可见，动力效率将曝气供氧与所消耗的动力联系在一起，是一个具有经济价值的指标，它的高低将影响活性污泥处理厂（站）的运行费用。

$$E_p[\text{kg/(kW·h)}] = \frac{E_L \cdot V}{N} \tag{5-10}$$

式中　　N——理论功率，即不计管路损失，不计风机和电机的效率，只计算曝气充氧所耗有用功，kW。

V——曝气池有效容积，m³。

$$N = \frac{Q_b H_b}{102 \times 3.6} \tag{5-11}$$

式中　　H_b——风压，m；

Q_b——风量，m³/h。

由于供风时计量条件与所用转子流量计标定时的条件相差较大，故要进行如下修正。

$$Q_b = Q_{b0} \sqrt{\frac{P_{b0} \cdot T_b}{P_b \cdot T_{b0}}} \tag{5-12}$$

式中　　Q_{b0}——仪表的刻度流量，m³/h；

P_{b0}——标定时气体的绝对压力，0.1 MPa；

T_{b0}——标定时气体的绝对温度，293 K；

P_b——气体的实际绝对压力，MPa；

T_b——被测气体的实际绝对温度，（$273 + t$）℃；

Q_b——修正后的气体实际流量，m³/h。

5．氧的利用率 E_A

$$\eta = \frac{E_A \cdot V}{Q \times 0.28} \times 100\% \tag{5-13}$$

式中　　Q——标准状态下（1.01×10^5 Pa、273 K 时）的气量。

$$Q = \frac{Q_b \cdot P_b \cdot T_a}{T_b \cdot P_a} \tag{5-14}$$

Q_b、T_b、P_b——意义同前；

P_a——1.01×10^5 Pa；

T_a——273 K；

0.28 kg/m³——标准状态下，1 m³空气中所含氧的重量。

六、数据处理

（1）以充氧时间 t 为横坐标、水中溶解氧浓度变化为纵坐标作图，绘制充氧曲线，任取两点[A 点坐标为 (t_1, C_1) ，B 点坐标为 (t_2, C_2)]，计算 K_{La}。

$$K_{La} = 2.3 \times \lg \frac{C_s - C_1}{C_s - C_2} \times \frac{1}{t_2 - t_1}$$

式中　C_s——水温为 t 时饱和溶解氧的理论值，查表可得。

（2）以充氧时间 t 为横坐标，$\lg \dfrac{C_s - C_1}{C_s - C_2}$ 为纵坐标作图，从其直线的斜率可求出 K_{La}。

（3）分别计算充氧量、氧利用系数以及动力效率。

七、注意事项

（1）加药时，将脱氧剂与催化剂用温水化开后，从柱或池顶均匀加入。

（2）无溶解氧测定仪的设备，在曝气初期，取样时间间隔宜短。

（3）实测饱和溶解氧值时，一定要在溶解氧值稳定后进行。

（4）水温、风温（送风管内空气温度）宜取开始、中间、结束时实测值的平均值。

八、思考题

（1）论述曝气在生物处理中的作用。

（2）曝气充氧原理及其影响因素是什么？

（3）温度修正、压力修正系数的意义是什么？如何进行公式推导？

（4）简述曝气设备类型及其动力效率、优缺点。

（5）氧总转移系数 K_{La} 的意义是什么？怎样计算？

（6）曝气设备充氧性能指标为何均是清水？标准状态下的值是多少？

（7）如何评价曝气设备的好坏？试对本实验的曝气设备进行评价。

实验二　活性污泥性质测定实验

一、实验目的

（1）了解评价活性污泥性能的四项指标 MLSS、MLVSS、SV、SVI 及其相互关系，加深对活性污泥性能，特别是污泥活性的理解。

（2）观察活性污泥性状及生物相组成。

（3）掌握污泥性质的测定方法。

二、实验原理

活性污泥是人工培养的生物絮凝体，它是由好氧微生物及其吸附的有机物组成的。活性污泥具有吸附和分解废水中的有机物（有些也可利用无机物质）的能力，显示出生物化学活性。活性污泥组成可分为四部分：有活性的微生物（Ma）、微生物自身氧化残留物（Me）、吸附在活性污泥上不能被微生物所降解的有机物（Mi）和无机悬浮固体（Mii）。

活性污泥的评价指标一般有生物相、混合液悬浮固体浓度（MLSS）、混合液挥发性悬浮固体浓度（MLVSS）、污泥沉降比（SV）、污泥体积指数（SVI）等。

在生物处理废水的设备运转管理中，可观察活性污泥的颜色和性状，并在显微镜下观察生物相的组成。

混合液悬浮固体浓度（MLSS）是指曝气池单位体积混合液中活性污泥悬浮固体的质量，又称为污泥浓度，单位为 mg/L 或 g/L。它由活性污泥中 Ma、Me、Mi 和 Mii 四项组成。

混合液挥发性悬浮固体浓度（MLVSS）指曝气池单位体积混合液悬浮固体中挥发性物质的质量，单位为 mg/L 或 g/L。表示有机物含量，即由 MLSS 中的前三项组成。一般生活污水处理厂曝气池混合液 MLVSS/MLSS 在 0.7 ~ 0.8。

性能良好的活性污泥，除了具有去除有机物的能力外，还应有好的絮凝沉降性能。活性污泥的絮凝沉降性能可用污泥沉降比（SV）和污泥体积指数（SVI）来评价。

污泥沉降比（SV）是指曝气池混合液在 100 mL 量筒中静止沉淀 30 min 后，污泥体积与混合液体积之比，用百分数（%）表示。活性污泥混合液经 30 min 沉淀后，沉淀污泥可接近最大密度，因此可用 30 min 作为测定污泥沉降性能的依据。一般生活污水和城市污水的 SV 为 15% ~ 30%。

污泥体积指数（SVI）是指曝气池混合液沉淀 30 min 后，每单位质量干泥形成的湿污泥的体积，单位为 mL/g，但习惯上把单位略去。具体计算公式为：

$$SVI = \frac{SV(mL/L)}{MLSS(g/L)} \qquad （5-15）$$

在一定污泥量下，SVI 反映了活性污泥的絮凝沉降性能。如 SVI 较高，表示 SV 较大，污泥沉降性能较差；如 SVI 较小，污泥颗粒密实，污泥老化，沉降性能好。但如果 SVI 过低，则污泥矿化程度高，活性及吸附性都较差。一般来说，当 SVI 为 100 ~ 150 时，污泥沉降性能良好；当 SVI > 200 时，污泥沉降性能较差，污泥易膨胀；当 SVI < 50 时，污泥絮体细小紧密，含无机物较多，污泥活性差。

三、实验设备和材料

（1）实验设备：曝气池（或 30 ~ 50 L 水桶及微型鼓风机）1 套，显微镜 1 台，500 mL 烧杯 2 个，100 mL 量筒 1 只，马弗炉 1 台，烘箱 1 台，分析天平（万分之一）1 台，称量瓶 1 只，坩埚 1 只，布氏漏斗 1 个，玻璃棒 2 根，载玻片和盖玻片，吸管，真空过滤装置 1 套，干燥器 1 只，电炉 1 台。

（2）实验用水：污水处理厂进水或高等院校排水管网的污水若干。

（3）实验材料：定量滤纸或滤膜。

（4）实验污泥：正在稳定运行的污水处理厂二沉池取活性污泥 200 L，同时取污水 100 ~ 150 L，并在实验前 4 h 按 1：2 的比例添加污水至活性污泥中，并持续曝气，供实验使用。

四、实验步骤

1. 活性污泥性状及生物相观察

用肉眼观察活性污泥的颜色和性状。取一滴曝气池混合液于载玻片上，盖上盖玻片，在显微镜下观察活性污泥的颜色、菌胶团及生物相的组成。

2. 污泥沉降比 SV（%）的测定

曝气池中取混合均匀的泥水混合液 100 mL，置于 100 mL 量筒中，静置 30 min 后，观察沉降的污泥占整个混合液的比例，记下结果。实验操作步骤如下：

（1）将干净的 100 mL 量筒用蒸馏水冲洗后，甩干。

（2）取 100 mL 混合液置于 100 mL 量筒中，并从此时开始计算沉淀时间。

（3）观察活性污泥凝絮和沉淀的过程与特点，且在第 1、3、5、10、15、20、30 min 分别记录污泥界面以下的污泥体积。

（4）第 30 min 的污泥体积（mL）即为污泥沉降比 SV（%）。

3．污泥浓度 MLSS

它是单位体积的曝气池混合液中所含污泥的干重，实际上是指混合液悬浮固体的数量，单位为 mg/L 或 g/L。实验操作步骤如下：

（1）将滤纸和称量瓶放在 $103 \sim 105\ ^{\circ}\mathrm{C}$ 烘箱中干燥至恒重，称量并记录其质量 W_1。

（2）将该滤纸剪好平铺在布氏漏斗上（剪掉的部分滤纸不要丢掉）。

（3）将测定过沉降比的 100 mL 量筒内的污泥全部倒入漏斗，过滤（用水冲净量筒，水也倒入漏斗）。

（4）将载有污泥的滤纸移入称量瓶中，放入烘箱（$103 \sim 105\ ^{\circ}\mathrm{C}$）中烘干至恒重，称量并记录 W_2。

（5）污泥干重 $= W_2 - W_1$

（6）计算污泥浓度

$$污泥浓度(g/L) = [(滤纸和称量瓶质量 + 污泥干重) - 滤纸和称量瓶质量] \times 10$$

$$= \frac{W_2 - W_1}{100} \times 1000$$

4．污泥体积指数 SVI

污泥体积指数是指曝气池混合液经 30 min 静沉后，1 g 干污泥所占的容积（单位为 mL/g）。计算式如下：

$$SVI = \frac{SV(\%) \times 10(mL/L)}{MLSS(g/L)} \tag{5-16}$$

SVI 值能较好地反映出活性污泥的松散程度（活性）和凝聚、沉淀性能。一般在 100 左右为宜。

5．污泥灰分和挥发性污泥浓度 MLVSS

挥发性污泥就是挥发性悬浮固体，它包括微生物和有机物，干污泥经灼烧后（$600\ ^{\circ}\mathrm{C}$）剩下的灰分称为污泥灰分。实验操作步骤如下：

（1）测定方法：称量已经恒重的磁坩埚并记录其质量（W_3），再将测定过污泥干重的滤纸和干污泥一并放入磁坩埚中。先在普通电炉上加热碳化，然后放入马弗炉内（$600\ ^{\circ}\mathrm{C}$）灼烧 40 min，取出置于干燥器内冷却，称量（W_4）。

（2）计算

$$污泥灰分 = \frac{灰分质量}{干污泥质量} \times 100\% \tag{5-17}$$

$$MLVSS = \frac{干污泥质量 - 灰分质量}{100} \times 1000(g/L) \tag{5-18}$$

五、数据整理

1．实验数据记录

参考表 5-2，记录实验数据。

表 5-2　原始实验记录表

静沉时间/min	1	3	5	10	15	20	30
污泥体积/mL							
W_1/g							
W_2/g							
W_3/g							
W_4/g							

2．污泥沉降比 SV（%）的计算

$$SV = \frac{V_{30}}{V} \times 100\%$$

3．混合液悬浮固体浓度 MLSS 的计算

$$MLSS(mg/L) = \frac{W_2 - W_1}{V}$$

式中　W_1——滤纸的净重，mg；

W_2——滤纸及截留悬浮物固体的质量之和，mg；

V——水样体积，L。

4．混合液挥发性污泥浓度 MLVSS 的计算

$$MLVSS(mg/L) = \frac{(W_2 - W_1) - (W_4 - W_3)}{V}$$

式中　W_3——坩埚质量，mg

W_4——坩埚与无机物总质量，mg

其余同上式。

5．污泥体积指数 SVI 的计算

$$SVI = \frac{SV(mL/L)}{MLSS(g/L)} = \frac{SV(\%) \times 10(mL/L)}{MLSS(g/L)}$$

6．作　图

绘出 100 mL 量筒中污泥体积随沉淀时间的变化曲线。

六、注意事项

（1）测定坩埚质量时，应将坩埚放在马弗炉中灼烧至恒重为止。

（2）由于实验项目多，实验前准备工作要充分，不要弄乱。

（3）仪器设备应按说明调整好，使误差减小。

（4）过滤污泥时不可将污泥溢出纸边。

七、思考题

（1）测定污泥沉降比时，为什么要静止沉淀 30 min？

（2）污泥体积指数 SVI 的倒数表示什么？为什么？

（3）对于城市污水来说，SVI 大于 200 或小于 50 各说明什么问题？

（4）通过所得到的污泥沉降比和污泥体积指数，评价该活性污泥法处理系统中活性污泥的沉降性能，是否有污泥膨胀的倾向或已经发生膨胀？

实验三　SBR 实验

一、实验目的

（1）了解 SBR 法系统的特点。

（2）加深对 SBR 法工艺及运行过程的认识。

（3）通过污泥性能指标的测定和生物相的观察，加深对活性污泥系统的了解。

二、实验原理

间歇式活性污泥法，又称序批式活性污泥法（Sequencing Bath Beactor Activated Sludge Process，SBR）是一种不同于传统的连续活性污泥法的活性污泥处理工艺。SBR 法实际上并不是一种新工艺，1914 年英国的 Alden 和 Lockett 首创活性污泥法时，采用的就是间歇式。当时由于曝气器和自控设备的限制，该法未得到广泛应用。随着计算机的发展和自动控制仪表、阀门的广泛应用，近年来该法又得到了重视和应用。

SBR 工艺作为活性污泥法的一种，去除有机物的机理与传统的活性污泥法相同，即都是通过活性污泥的絮凝、吸附、沉淀等过程来实现有机物的去除；所不同的只是其运行方式。SBR 法具有工艺简单，运行方式也较灵活，脱氮除磷效果好，SVI 值较低，污泥易于沉淀，可防止污泥膨胀，耐冲击负荷，所需费用较低，不需要二沉池和回流设备等优点。SBR 法系统包含预处理池、一个或几个反应池及污泥处理设施。反应池兼有调节池和沉淀池的功能。该工艺被称为序批间歇式，它有两个含义：① 其运行操作在空间上按序排列；② 每个 SBR 的运行操作在时间上也是按序进行。SBR 工作过程通常包括 5 个阶段：进水阶段（加入基质）；反应阶段（基质降解）；沉淀阶段（泥水分离）；排放阶段（排上清液）；闲置阶段（恢复活性）。这 5 个阶段都是在曝气池内完成，从第一次进水开始到第二次进水开始称为一个工作周期。每一个工作周期中各阶段的运行时间、运行状态可根据污水性质、排放规律和出水要求等进行调整。对各个阶段采用一些特殊的手段，又可以达到脱氮、除磷，抑制污泥膨胀等目的。

三、实验设备和材料

（1）SBR 序批式活性污泥法处理废水的工作框图

SBR 是活性污泥法处理废水的一种改良方法，在整个处理工艺过程中去掉了独立的沉淀池设计，将整个处理周期分成 5 个阶段来分批处理废水，是一种设计独特、处理效果好、投资较少的处理新方法。

由图 5-1 可以明显看出，SBR 法是在同一个反应器中分批处理废水的。本实验设备采用 5 个仪表来自动控制每个阶段的运转时间，并可以根据需要任意改变和设置所需要的控制时间。整个系统设置方便、可靠性高、滗水器不易堵塞，是一种和实际生产过程完全一致的实验装置。

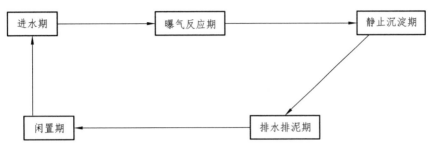

图 5-1　SBR 工作框图

（2）设备工艺流程图

SBR 设备工艺流程如图 5-2 所示，实验水放入进水箱，只有当水位高于缺水保护水位计时，整个系统才能通电。通过 5 只数字式时间控制仪的设置和控制，可以让整个系统按照设置的要求自动进行 5 个步骤的序批工作，完成对废水的处理工作。

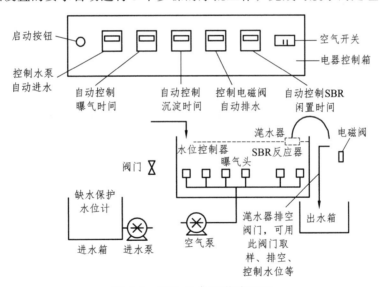

图 5-2　SBR 设备工艺流程图

（3）COD 测定仪或测定装置及相关药剂。

四、实验步骤

1．使用前的检查

（1）检查关闭以下阀门：

    ① 进水箱、出水箱的排空阀门。

    ② 空气泵的出气阀门。

    ③ 滗水器的出水排空阀门。

    ④ SBR 反应器的排空阀门。

（2）检查缺水水位计、SBR 反应器水位计、进水泵、空气泵、搅拌器、电磁阀的电源插头，是否插在相应的功能插座上。

（3）检查关闭相应的功能插座上方的开关（有色点的一端翘起为"关"状态，有色点的一端处于低位为"开"状态）。

2．学习使用数显时间控制器

（1）了解 5 个时间控制器的控制功能（从左到右）

第一只：进水自动控制，固定设置值 5 s，千万不要再去动它。

第二只：曝气时间控制，可根据需要任意设置（科研时设置 4 ~ 8 h，做学生实验时 0.5 ~ 1 h 时）。

第三只：静止沉淀时间控制，一般设置在 20 ~ 30 min。

第四只：滗水时间控制，根据需要滗去多少上清液而设置，一般在 20 s 至 3 min 之间。

第五只：闲置期时间控制（活化搅拌时间控制），在 SBR 的闲置期，自动开启搅拌器对活性污泥进行搅拌和活化，一般在 10 ~ 30 min。

（2）时间控制器的定时设置

打开有机玻璃防护盖，在仪表下面有一排（5 个）小窗口，每一个小窗口的上下方各有一个"＋""－"小按钮，用于设置该小窗口内的数值。其中最中间的小窗口为时间单位设置：小时（h）、分（m）、秒（s）；或倒计时方式：倒计小时（h）、倒计分（m）、倒计秒（s），建议使用倒计时方式。其他小窗口用于具体的时间设置，例如，要设置倒计时 25 min 45 s 的定时时间，则在小窗口中设置为 25 m 45 s 即可。

3．活性污泥的培养和驯化

（1）将活性污泥培养液直接倒入 SBR 反应器中，并加入 1 L 左右的活性污泥种源。

（2）将每日够用一次的活性污泥培养液倒入进水箱（1/4 箱左右，每日添加）。

（3）设置：SBR 曝气时间 23 h 20 min，静止沉淀时间 30 min，滗水时间 0.5 min，闲置期时间（活化搅拌时间）10 min。

（4）启动 SBR 反应器让其自动工作。

（5）当活性污泥培养到污泥体积到 20% ~ 30% 时，便可进行驯化工作。每天在培养液中加入一定量的实验废水进行驯化培养，加入量不断增加，直至活性污泥完全驯化为止。

（6）如果采用人工配制易降解的实验水进行实验，则无需驯化过程。

（7）也可以采用在其他容器中培养好的活性污泥倒入 SBR 反应器中，再在 SBR 反应器中进行驯化工作，或者直接进行实验。

4．进行实验

（1）将实验废水或人工配制实验水倒入进水箱。

（2）设置好不同阶段的控制时间。

（3）将电源控制箱插头插上电源，开启总电源空气开关，打开各个功能开关。

（4）打开空气泵出气阀。

（5）按"启动/复位"钮，SBR 反应器进入自动工作状态。

（6）当设置的滗水时间到了以后，直接从电磁阀出水口取水样，进行相关的检测项目测定，得到实验结果。如果错过了从电磁阀出水口取水样的时间，则可以打开滗水器放空阀，从这里取水样。取水样时一定要排放掉管道中原来的水样。

注意：

① 当进水箱中的水样不够时，整个系统会自动关闭，缺水指示灯亮。待水样加满后，按一下"启动/复位"钮，SBR 反应器又进入自动工作状态。

② 当 SBR 反应器的某个阶段出现故障，整个系统也会自动停止工作（但不关闭）。此时检查每个仪表的工作情况（第一个仪表除外），看某个仪表显示 00.00，表示该阶段已经完成任务。如果某个仪表一点也不亮（无显示），则表示该阶段出现故障，将该阶段故障排除后，再按一下"启动/复位"钮，SBR 反应器又进入自动工作状态。

③ "启动/复位"钮除了启动功能以外还有复位功能，即当 SBR 反应器处于某一工作阶段时，如果希望它又从头开始工作，则按一下"启动/复位"钮即可。

5．实验完毕的整理

（1）关闭空气泵的出气阀。

（2）关闭功能插座上的所有开关。

（3）关闭电源控制箱上的空气开关，拔下电源插头。

（4）打开进水箱、出水箱、SBR 反应器的所有排空阀门排水。

（5）用自来水清洗各个容器，排空所有积水，待下次实验用。

五、数据整理

将进水及出水 COD 浓度列于表 5-3，并按下式计算去除率

$$\eta = \frac{S_a - S_e}{S_a} \times 100\%$$

式中 S_a——进水有机物浓度，mg/L；

S_e——出水有机物浓度，mg/L。

表 5-3　实验数据记录与整理

	进水浓度/（mg/L）	出水浓度/（mg/L）	去除率/%
COD			

实验四　氧化沟实验

氧化沟是一种改良的活性污泥法，其曝气池呈封闭的沟渠形，污水和活性污泥混合液在其中循环流动，因此被称为氧化沟，又称环形曝气池。目前氧化沟工艺被广泛应用于污水处理中，氧化沟有多种不同的类型。

卡鲁塞尔（Carrousel）氧化沟是当前最有代表性的氧化沟水处理工艺之一。主要流程包括表面曝气、曝气沉沙、厌氧区、缺氧区、好氧区、污泥沉淀。

一、实验目的

（1）了解卡鲁塞尔氧化沟的内部构造和主要组成。

（2）掌握卡鲁塞尔氧化沟各工序的运行操作要点。

（3）就某种污水进行动态试验，以确定工艺参数和处理水的水质。

（4）研究卡鲁塞尔氧化沟生物脱氮除磷的机理，如通过改变曝气条件、周期或各工序的持续时间等，为生物处理创造适宜的环境，测定处理效果。

（5）掌握运用卡鲁塞尔氧化沟去除 BOD_5 及生物脱氮的工艺。

二、实验原理

卡鲁塞尔氧化沟的构造如图 5-3 所示：此系统由三组相同氧化沟组建在一起，作为一个单元运行。三组氧化沟之间两两相互连通。每个池都配有可供污水环流（混合）

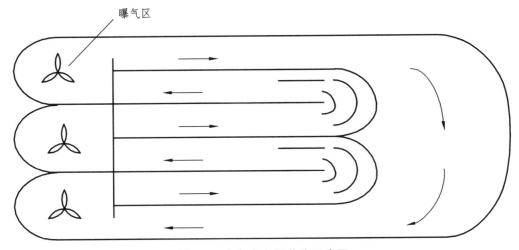

图 5-3　卡鲁塞尔氧化沟示意图

与曝气作用的机械曝气器。氧化沟的发展往往是与其曝气设备密切关联的。卡鲁塞尔氧化沟有两种工作方式：一是去除 BOD_5，二是生物脱氮。卡鲁塞尔氧化沟的脱氮是通过调节电机的转速来实现的，曝气装置能起到混合器和曝气器的双重功能。当处于反消化阶段时，曝气器低速运转，仅仅保持池中污泥悬浮，而池内处于缺氧状态。好氧和缺氧阶段完全可由曝气器转速的改变进行控制。

三、实验设备和材料

实验装置由氧化沟、配水池、机械曝气系统、导流板、污泥回流系统等组成。

（1）不锈钢搅拌配水箱 1 个；

（2）进水泵 1 台；

（3）进水流量计 1 个；

（4）出水调节堰 1 个；

（5）机械曝气装置 3 套；

（6）曝气深度调节装置 3 套；

（7）可控硅调速器 3 台；

（8）可编程序控制器 1 套；

（9）污泥回流泵 1 台；

（10）污泥回流流量计 1 个；

（11）电器自动仪表控制箱 1 台；

（12）固定实验台架 1 套；

（13）连接管道及阀门等若干。

四、实验步骤

1．检查关闭阀门

（1）Carrousel 氧化沟的排空阀门。

（2）进水箱的排空阀门。

（3）进水流量计调节阀。

（4）检查进水泵和机械搅拌器的电源插头是否插在相应的功能插座上。

（5）检察关闭插座上方的控制开关（有色点的一端翘起为"关"状态，有色点的一端处于低位为"开"状态）。

2．活性污泥的培养与驯化

（1）将活性污泥种源 1~2 L 直接倒入生物反应器中。

（2）将每日够用一次的活性污泥培养液倒入进水箱，每日添加。

（3）开启机械曝气器，调节曝气强度，曝气过程贯穿整个培养和实验过程，不要停止。用 DO 仪来测定并决定曝气强度的大小。

（4）打开进水泵的控制开关，进水会自动进行，调节进水流量计的流量至 10～20 L/h。

（5）在以上条件基础上，连续培养若干天以后，当活性污泥体积达到 0～30% 时，活性污泥培养完毕。

注意：在整个活性污泥培养过程中，要不断添加活性污泥培养液到进水箱中（每天 3～5 次）。如果晚上不打算加培养液，则一定要关闭进水泵，第二天白天再开启，并开始添加活性污泥培养液。

3．进行实验

（1）首先制订好实验方案，包括 DO 浓度、进水流量、反应时间、进水和出水的检测项目和方法等。

（2）配水：首先配制一定量的城市污水，并先期在设备中培养好一定量的活性污泥。为保证水泵及设备能正常运行，处理前先将提取的废水进行一些预处理，去除一些树枝、石子等较大颗粒物。

（3）配水完成后，对进水水质进行检测，确定其运行参数并记录。废水经水泵进入氧化沟系统。表面曝气机使混合液中溶解氧（DO）的浓度增加到 2～3 mg/L。在这种充分掺氧的条件下，微生物得到足够的溶解氧来去除 BOD；同时，氨也被氧化成硝酸盐和亚硝酸盐，此时，混合液处于有氧状态。在曝气机下游，水流由曝气区的湍流状态变成之后的平流状态，水流维持在最小流速，保证活性污泥处于悬浮状态（平均流速 > 0.3 m/s）。微生物的氧化过程消耗了水中溶解氧，直到 DO 值降为零，混合液呈缺氧状态。经过缺氧区的反硝化作用，混合液进入有氧区，完成一次循环。该系统中，BOD 降解是一个连续过程，硝化作用和反硝化作用发生在同一池中。

（4）经过一定的反应时间，取进水和出水样，分别进行相应的项目检测，以判断是否达到实验效果。

4．实验完毕整理

（1）如果结束本实验后过几天还要使用该反应器，则可用培养液来维持反应器的活性状态。如果结束本实验后较长时间内不再使用该反应器，则开启反应器的排空阀门，将水和污泥一起排出。

（2）关闭进水泵和机械曝气器的开关，关闭总电源空气开关，拔下总电源插头。

（3）打开进水箱的排空阀门，放干所有的积水。

（4）用自来水清洗反应器和水箱，并放干所有的积水，待下次实验备用。

五、数据整理

将进水及出水 COD 浓度列于表 5-4，并按下式计算去除率

$$\eta = \frac{S_a - S_e}{S_a} \times 100\%$$

式中　S_a——进水有机物浓度，mg/L；

　　　S_e——出水有机物浓度，mg/L。

表 5-4　实验数据记录与整理

	进水浓度/（mg/L）	出水浓度/（mg/L）	去除率/%
COD			

附 件

附件 A 活性污泥的来源

（1）从城市污水处理厂生化曝气池中获得。

（2）自己培养，培养的方法和配方如下：

配方一：试剂配方（表 5-5）

表 5-5 活性污泥配方

序号	材料名称	数量/g
1	可溶性淀粉	0.67
2	葡萄糖	0.5
3	蛋白胨	0.33
4	牛肉膏	0.17
5	$Na_2CO_3 \cdot 10H_2O$	0.67
6	$NaHCO_3$	0.2
7	Na_3PO_4	0.17
8	尿素	0.22
9	$(NH_4)_2SO_4$	0.28
10	河水	定溶至 1000 mL

注：可溶性淀粉称重后倒入烧杯中，加入 100 mL 水，搅拌均匀，加热溶解后倒入大的容器中。

活性污泥培养方法：

按上述方法配制培养液 10 L，分别放入两个 10 L 的塑料桶中，向各桶内加入活性污泥种源 500 mL。将塑料桶放在可生化性实验的曝气平台上，放入 1~2 个曝气沙芯头，连续对培养液进行曝气培养。可以通过调节阀门来控制曝气量，注意曝气量不要太大，以防止培养液和活性污泥溅出桶外。

一开始连续曝气 2~3 d，不要添加培养液。以后每天静止沉淀 0.5 h，去掉 2 L上清液，填加 2 L 培养液，直至活性污泥培养完毕（污泥体积在 40%~50%）。

配方二：天然物质配方

（1）取大米 1 kg，用水淘 3 次，每次用水 0.4~0.5 L，收集淘米水。将淘米水静止沉淀，倒去上清液，保留 500 mL 左右的浓缩淘米水，倒入饮料瓶中，放入冰箱保存。每天如此收集淘米水，备用。

（2）准备新鲜牛奶一包。

活性污泥培养方法：

取河水 10 L，分别放入两个 10 L 的塑料桶中，向各桶内加入活性污泥种源 500 mL。向每只桶中加入浓缩淘米水 200 mL，加入鲜牛奶 20 mL。将塑料桶放在可生化性实验的曝气平台上，放入 1～2 个曝气沙芯头，连续对培养液进行曝气培养。可以通过调节阀门来控制曝气量，注意曝气量不要太大，以防止培养液和活性污泥溅出桶外。

一开始连续曝气 2～3 d，不要填加营养物质。当培养液中出现活性污泥后，每天静止沉淀 0.5 h，去掉 2 L 上清液，补充 2 L 河水，向桶中加入 100 mL 浓缩淘米水、10 mL 鲜牛奶，直至活性污泥培养完毕（污泥体积在 40%～50%）。

也可以在培养液中刚刚出现活性污泥后，改用试剂配方进行活性污泥的培养。

注意：

（1）在整个实验周期，要连续培养活性污泥，以保证有充足的活性污泥源供应。

（2）要取出使用的活性污泥，要取培养桶中的沉淀浓缩活性污泥。

（3）要进行可生化性测定实验的活性污泥，要在前一天进行饥饿培养，即取一定量的浓缩活性污泥，加入 3 倍体积的河水进行曝气，让其进入饥饿状态。

附件 B 实验设计与参数

一、实验的设计

开展本实验的主要目的是让学生了解卡鲁塞尔氧化沟的基本构造、工艺流程、运行过程和处理效果，因此，在开展该实验时必须紧紧围绕这几个方面进行。教师要结合实验设备向学生讲解卡鲁塞尔氧化沟的基本构造、组成单元和工艺流程。运行氧化沟后，观察曝气的过程、水流的方向和导流板的作用。在确定一个实验停留时间后，选择相应的进水流量进行实验处理，经过一定的处理时间后取水样进行 COD_{Cr} 测定，计算去除效果，写出实验报告。

二、实验参数

（1）氧化沟的有效体积（液体体积）46 L。

（2）停留时间与进水流量的关系：

实验型设备的实验停留时间一般设计在 4~8 h，根据氧化沟的有效体积计算出理论的进水流量，见表 5-6。

表 5-6 理论进水流量

停留时间/h	进水流量/（L/h）
4	11.5
5	9.2
6	7.7
7	6.6
8	5.8

由于实验型设备的体积一般不会太大，容易引起进水的短流，因此实验的停留时间一般选择比较长，建议停留时间 8 h，进水流量 5.8 L/h。

（3）活性污泥浓度的控制：实验时的活性污泥浓度必须控制在污泥体积 40%~60%/0.5 h 沉淀。

（4）实验进水的 COD 浓度控制：学生实验时使用的实验废水，建议采用模拟废水。在人工培养活性污泥法试剂配方的基础上进行简化，见表 5-7。

表 5-7　简化的活性污泥配方

序号	材料名称	数量/g
1	葡萄糖	0.3
2	$NaHCO_3$	0.2
3	Na_3PO_4	0.05
4	$(NH_4)_2SO_4$	0.1
5	河水	定容至 1000 mL

COD_{Cr} 值在 300～400 mg/L。

（5）学生开展实验时的氧化沟运行时间：

由于学生的实验时间有限，一般 3～4 学时/次，故氧化沟运行时间一般选择在 1～2 h。

实验五　污泥比阻测定实验

一、实验目的

（1）掌握污泥比阻的测定方法。

（2）通过实验确定混凝剂的最佳投加量。

二、实验原理

污泥比阻是表示污泥过滤特性的综合性指标，它的物理意义是：单位质量的污泥在一定压力下过滤时，在单位过滤面积上的阻力。求此值的作用是比较不同的污泥（或同一污泥加入不同量的调理剂后）的过滤性能。污泥比阻越大，过滤性能越差。

根据达西定律，过滤一定时间 t 后，相应的滤液量为 V，过滤压差为 Δp，此时过滤速度 u 为

$$u = \frac{\mathrm{d}V}{A\mathrm{d}t} = \frac{\Delta p}{(R_m + R_c)\mu} \tag{5-19}$$

式中　t ——过滤时间，s；

　　　V ——滤液体积，m^3；

　　　Δp ——过滤压差，Pa；

　　　R_m ——过滤介质过滤阻力，m^{-1}；

　　　R_c ——滤饼层过滤阻力，m^{-1}；

　　　μ ——滤液黏度，Pa·s。

假设 r_m，r 分别为过滤介质和滤饼层的过滤比阻（m^{-2}），则

$$R_m = r_m L_m, \ R_c = rL$$

$$u = \frac{\Delta p}{(r_m L_m + rL)\mu} \tag{5-20}$$

假设 f 为过滤单位体积滤液在过滤介质表面截留的滤饼体积（单位：m^3/m^3），则有

$$fV = LA$$

另外，可把过滤介质的阻力转化成厚度为 L_e 的滤饼层阻力，有 $r_m L_m = rL_e$

则式（5-19）变为

$$u = \frac{\mathrm{d}V}{A\mathrm{d}t} = \frac{A\Delta p}{r\mu f(V+V_e)} \tag{5-21}$$

令

$$K = \frac{2\Delta p}{\mu rf}$$

则

$$\frac{\mathrm{d}V}{A\mathrm{d}t} = \frac{KA}{2(V+V_e)} \tag{5-22}$$

在过滤过程中，过滤压差自始自终保持恒定。对于指定的悬浮液，K 为常数。

对式（5-22）积分，得

$$\int_0^V 2(V+V_e)\mathrm{d}V = \int_0^t KA^2\mathrm{d}t$$

$$V^2 + 2VV_e = KA^2t$$

$$\frac{t}{V} = \frac{1}{KA^2} \cdot V + \frac{2V_e}{KA^2} \tag{5-23}$$

将 $K = \dfrac{2\Delta p}{\mu rf}$ 代入上式，得

$$\frac{t}{V} = \frac{\mu rf}{2\Delta pA^2} \cdot V + \frac{\mu rfV_e}{\Delta pA^2} \tag{5-24}$$

其中

$$\frac{V_e rf}{A} = R_m$$

即

$$\frac{t}{V} = \frac{\mu rf}{2\Delta pA^2} \cdot V + \frac{\mu R_m}{\Delta pA^2} \tag{5-25}$$

如以滤渣干重代替滤渣体积，单位质量污泥的比阻代替单位体积污泥的比阻，则式（5-26）可改写为

$$\frac{t}{V} = \frac{\mu r_m \omega}{2\Delta pA^2} \cdot V + \frac{\mu R_f}{\Delta pA^2} \tag{5-26}$$

式中　r_m——为污泥比阻，m/kg；

　　ω——滤过单位体积滤液在过滤介质表面截留的滤饼干重，kg/m^3。

式（5-26）说明在定压下过滤，t/V 与 V 成直线关系，其斜率为

$$b = \frac{\mu r_m \omega}{2\Delta pA^2}$$

$$r_0 = \frac{2\Delta pA^2}{\mu\omega} \cdot b \tag{5-27}$$

式（5-27）是由实验推导而来，参数 b 及 ω 需要通过实验确定，不能用公式直接计算。

故在定压下（真空度保持不变），通过测定一系列的 t-V 数据，即测定不同过滤时间 t 时滤液量 V，以滤液量 V 为横坐标，以 t/V 为纵坐标，用图解法求斜率（图5-4）。

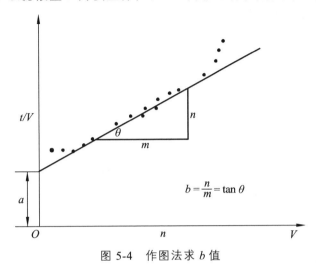

图 5-4　作图法求 b 值

根据定义，按下式可求得 ω 值

$$\omega = \frac{(Q_0 - Q_y)}{Q_y} \cdot C_g \tag{5-28}$$

式中　Q_0——污泥量，mL；

$\quad\quad Q_y$——滤液量，mL；

$\quad\quad C_g$——滤饼固体浓度，g/mL。

根据液体平衡 $Q_0 = Q_y + Q_g$

根据固体平衡 $Q_0 C_0 = Q_y C_y + Q_g C_g$

式中　C_0——污泥固体浓度，g/mL；

$\quad\quad C_y$——污泥固体浓度，g/mL；

$\quad\quad Q_d$——污泥固体滤饼量，mL。

可得　　　　　$$Q_y = \frac{Q_0(C_0 - C_d)}{C_y - C_d} \tag{5-29}$$

代入式（5-28），化简后得

$$C(\text{g 率饼干重/mL 滤液}) = \frac{(Q_0 - Q_y)C_d}{Q_y} \tag{5-30}$$

上述求 C 值的方法，必须测量滤饼的厚度方可求得，但在实验过程中测量滤饼厚度是很困难的，且不易则准，故改用测滤饼含水比的方法求 C 值。

$$C(\text{g 滤饼干重/mL 滤液}) = \cfrac{1}{\cfrac{100-C_i}{C_i} - \cfrac{100-C_f}{C_f}}$$ （5-31）

式中　C_i——100 g 污泥中的干污泥量；

　　　C_f——100 g 滤饼中的干污泥量。

例如，污泥含水比 97.7%，滤饼含水率为 80%。

$$C = \cfrac{1}{\cfrac{100-2.3}{2.3} - \cfrac{100-20}{20}} = \cfrac{1}{38.48} = 0.0260(\text{g/mL})$$

一般认为比阻在 $10^9 \sim 10^{10}$ s^2/g 的污泥算作难过滤的污泥，比阻在（0.5 ～ 0.9）× 10^9 s^2/g 的污泥算作中等，比阻小于 0.4×10^9 s^2/g 的污泥容易过滤。

投加混凝剂可以改善污泥的脱水性能，使污泥的比阻减小。对于无机混凝剂如 $FeCl_3$、$Al_2(SO_4)_3$ 等，投加量一般为污泥干质量的 5% ～ 10%，高分子混凝剂如聚丙烯酰胺、碱式氯化铝等，投加量一般为污泥干质量的 1%。

三、实验设备与试剂

（1）实验装置如图 5-5。

（2）秒表；滤纸。

（3）烘箱。

（4）布氏漏斗。

（5）硫酸铝、聚铝（或聚合氯化铝）

四、实验步骤

（1）准备待测污泥。

（2）布式漏斗中放置滤纸，用水喷湿。开动真空泵，使量筒中成为负压，滤纸紧贴漏斗，关闭真空泵。

（3）加入 100 mL 需实验的污泥于布氏漏斗中，在重力下过滤 1 min 后，开动真空泵，调节真空压力至 0.075 MPa，在该压力下进行定压抽滤。

（4）每隔一定时间（开始过滤时可每隔 10 s 或 15 s，滤速减慢后可隔 30 s 或 60 s）记下计量管内相应的滤液量。

（5）一直过滤至真空破坏，如真空长时间不破坏，则过滤 20 min 后即可停止。

（6）测定滤饼浓度。

（7）记录见表 5-8。

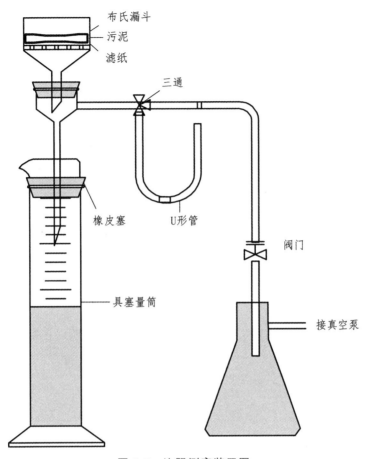

图 5-5　比阻测定装置图

表 5-8　布氏漏斗实验所得数据

时间/s	计量管滤液量 V'/mL	滤液量 $V = V' - V_0$/mL	$\dfrac{t}{V}$/（s/mL）	备注

五、数据整理

（1）测定并记录实验基本参数。

（2）以 t/V 为纵坐标，V 为横坐标作图，求 b。

（3）根据原污泥的含水率及滤饼的含水率求出 ω。

（4）列表计算比阻值 r_0（表 5-9 比阻值计算表）。

表 5-9 比阻值计算表

污泥含水率/%	污泥固体浓度/(g/mL)	混凝剂用量/%	过滤面积 A /cm^2	真空压力 Δp /Pa	滤液黏度 μ /(Pa·s)	b 值 /(s·cm^3)	滤饼含水率/%	ω 值	比阻值 r_0 /(m/kg)

六、注意事项

（1）检查计量管与布氏漏斗之间是否漏气。

（2）滤纸称量烘干，放到布氏漏斗内，要先用蒸馏水湿润，而后再用真空泵抽吸一下，滤纸要贴紧不能漏气。

（3）污泥倒入布氏漏斗内时，有部分滤液流入计量筒，所以正常开始实验后记录量筒内滤液体积。

（4）在整个过滤过程中，真空度确定后始终保持一致。

七、思考题

（1）判断生污泥、消化污泥脱水性能好坏，分析其原因。

（2）测定污泥比阻在工程上有何实际意义？

实验六　成层沉淀实验

一、实验目的

（1）加深对成层沉淀的特点，基本概念及沉淀规律的理解。

（2）掌握成层沉淀的实验方法，并对实验数据进行分析整理，绘制静沉曲线。

（3）通过实验确定某污水曝气池混合液的静沉曲线，并为设计澄清浓缩池提供必要的设计参数。

二、实验原理

水中悬浮物颗粒浓度较大时，如黄河高浊度水、活性污泥法曝气池混合液、浓集的化学污泥，颗粒间隙小，在下沉过程中将彼此干扰，沉速大的颗粒无法超越沉速小的颗粒快速下沉，所有的颗粒聚合成一个整体，各自保持相对不变的位置，共同下沉，并出现一个清晰的泥-水界面，称为浑液面。浑液面上部为清水层，下部为浑水层。颗粒的下沉均表现为浑浊液面的整体下沉。该速度与原水浓度、悬浮物性质等有关，而与沉淀深度无关。但沉淀有效水深影响变浓区沉速和压缩区压实程度。为了研究浓缩，提供从浓缩角度设计澄清浓缩池所必需的参数，应考虑沉淀柱的有效水深。此外，高浓度废水沉淀过程中，器壁效应更为突出，为了能真实地反映客观实际状态，沉淀柱直径一般要大于或者等于 200 mm，而且柱内还应该装有慢速搅拌装置，以消除器壁效应和模拟沉淀池内刮泥机的作用。

澄清浓缩池在连续稳定运行中，池内可分为四区，如图 5-6 所示。池内污泥浓度沿着池高的分布状况如图 5-7 所示。

进入沉淀池的混合液，在重力作用下进行泥水分离，污泥下沉，清水上升，最终经过等浓区后清水区出流。因此，为了满足澄清的要求，即出流水不带走悬浮物，水流上升速度 v 一定要小于或等于等浓区污泥沉降速度 u，即 $v = Q/A \leqslant u$，在工程应用中，该式常写成

$$A = aQ/u \tag{5-32}$$

式中　Q——处理水量，m^3/h；

u——等浓区污泥沉速，m/h；

A——沉淀池按沉清要求的平面面积，m^2；

a——修正系数，$a = 1.05 \sim 1.2$。

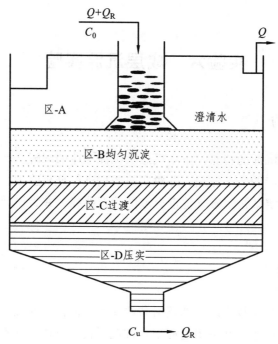

C_0—原污泥浓度；C_u—污泥浓度

图 5-6　稳定运行沉淀池内状况

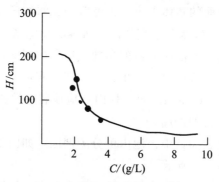

图 5-7　池内污泥沿池高分布

进入沉淀池后分离出来的污泥，从上至下逐渐浓缩，最后由池底排出，这一过程通过两种作用完成：一是重力作用下形成静沉固体通量 G_s，其值取决于每一段面处污泥浓度 C_i 及污泥沉速 u_i，即 $G_s = C_i u_i$；二是连续排泥造成污泥下降，形成排泥固体通量 G_b，其值取决于每一断面处污泥浓度 C_i 和由于排泥而造成的泥面下沉速度 v。

$$G_b = vc_i$$

$$v = Q_R / A \qquad\qquad （5-33）$$

式中　　v——排泥时泥面下沉速度；

　　　　Q_R——回流污泥量。

污泥在沉淀池内单位时间、单位面积下沉的污泥量，取决于污泥性能 $u_i c_i$ 和运行条件 $v c_i$ ，即固体通量 $G = G_s + G_b = u_i c_i + v c_i$ 。当进入沉淀池的进泥通量 C_0 大于极限固体通量时，污泥在下沉到该断面时，多余污泥将于此断面处积累。长此下去，回流污泥不仅达不到应有的浓度，池内泥面反而上升，最后随水流流出。因此按浓度要求，沉淀池设计应满足

$$G_0 \leqslant G_L$$

$$G_0 = Q(1+R)c_0 / A \leqslant G_L \qquad （5-34）$$

式中　G_0——进泥通量；

　　　Q——处理水量，m^3/h；

　　　R——回流比；

　　　C_0——曝气池混合液污泥质量浓度，kg/m^3；

　　　G_L——极限固体通量，$kg/(m^2 \cdot h)$

　　　A——沉淀池按沉清要求的平面面积，m^2。

故实验目的就是为了确定设计参数等速沉淀区 U 和极限通量 G_L 。

成层沉淀实验，是在静止状态下，研究浑液面高度随沉淀时间的变化规律。以浑液面高度为纵坐标，以沉淀时间为横坐标，所绘制的 H-t 曲线，称为成层沉淀过程线，它是求二次沉淀池断面面积设计参数的基础资料。

成层沉淀过程线分为四段，如图 5-8 所示。

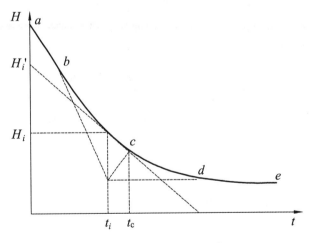

图 5-8　成层沉淀过程线

1．加速阶段（ab 段）

污泥絮凝区，此段时间很短，曲线略向下弯曲，这是浑液面形成的过程，反映了颗粒絮凝性能。

2．等速沉淀阶段（ bc 段 ）

实验开始时，沉淀柱上端出现一清晰的泥-水界面并等速下沉。这是由于悬浮颗粒的相互牵制和强烈干扰，均衡了它们各自的沉淀速度，使颗粒群体以共同干扰后的速度下沉。此时，污泥浓度不变，污泥颗粒是等速沉降，它不因沉淀历时的不同而变化。表现为沉淀过程线上的 bc 段，是一斜率不变的直线，故称为等速沉淀段。

3．过渡阶段（ cd 段 ）

过渡段又称变浓区，此段为污泥等浓区向压缩区的过渡段，其中既有悬浮物的干扰沉淀，也有悬浮物的挤压脱水作用。在沉淀过程线上，是 cd 间所表现出的弯曲段，即沉速逐渐减小，此时等浓区消失，故 c 点又称为沉层沉淀临界点。

4．压缩阶段（ de 段 ）

当污泥浓度进一步增大后，颗粒间相互直接接触，机械支托，形成松散的网状结构，在压力作用下颗粒重新排列组合，携带的水分子也从网中脱出，这就是压缩过程，此过程也是等速沉淀过程。

利用成层沉淀求二沉池设计参数 u 及 G_L 的一般方法如下：

（1）迪克多筒测定法：

取不同浓度混合液，从中在沉淀柱内进行拥挤沉淀，每次实验得出一个浑液面沉淀过程线，从中可以求出等浓区泥面等速下沉速度与相应的污泥浓度，从而得出 C-u 关系曲线，并以此为沉淀池，按澄清原理设计提供设计参数，在此基础上，根据 C-u 曲线，求出 G_s，C_i 一组数据，并绘出 G_s-C 曲线，根据回流比公式求出 G_b-C_i 线，利用叠加法，可以求出 G_L 值。由于采用迪克多筒测定法推求极限固体通量 G_L 时，污泥在各断面出的沉淀固体通量值 $G_s = C_i U_i$ 中的污泥沉速 u_i，均是取自同浓度污泥静沉曲线等速段斜率，用它替代了实际沉淀池中沉淀污泥面的沉速。这一做法没有考虑实际沉淀池的污泥浓度变化的连续分布，没有考虑污泥的沉速不但和周围污泥浓度有关，而且还受到下层沉速小于它的污泥层的干扰，因而迪克法求得的 G_L 值偏大，与实际值出入较大。

（2）肯奇单筒测定法：取曝气池的混合液进行一次较长时间的拥挤沉淀，得到一条浑液面沉淀过程线，利用肯奇公式：

$$C_i = C_0 H_0 / H_i \tag{5-35}$$

式中 C_0——实验时试样浓度；

H_0——实验时沉淀初始高度；

C_i——某沉淀断面 i 处的污泥浓度；

$$U_i = H_i / t_i \tag{5-36}$$

式中　U_i——某沉淀断面 i 处的泥面沉速。

求各断面的污泥浓度 C_i 及泥面沉速 u_i，方法如图 5-8 所示，可得出 u-C 关系线，利用 u-C 关系线并按前法，绘制 G_s-C、G_b-C_i 曲线，采用叠加法后，可求出 G_L 值。

三、设备及用具

（1）成层沉淀装置（图 5-9）。
（2）水分快速测定仪。
（3）量筒、烧杯、磁盘、滤纸等。
（4）水样：某污水处理厂曝气池混合液。

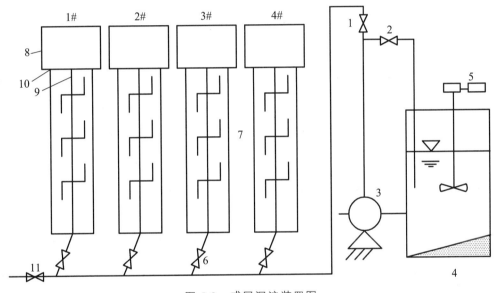

图 5-9　成层沉淀装置图

1—水泵上水阀门；2—循环管阀门；3—水泵；4—水池；5—搅拌装置；6—进水阀门；
7—沉淀柱；8—电机与减速器；9—搅拌桨；10—溢流口；11—放空管

四、实验步骤及记录

（1）将取自处理厂活性污泥曝气池内正常运行的混合液，放入水池，搅拌均匀，同时取样测定其浓度 MLSS 值。

（2）开启水泵阀门 1，同时打开放空管，放掉管内存水。

（3）关闭放空管，打开 1 号沉淀柱进水，当水位上升到溢流管处时，关闭水阀门，同时记录沉淀时间为 1、3、5、8、10、15、20、25、30、35、40、45、50、60、70、80、90、100、110、120、130、150、160、180、200 min 所对应的浑液面高度，将实验结果记录于表 5-10。

（4）当泥水界面沉降距离 5 min 内小于 2 cm 时停止读数，然后打开底阀排泥水，并将自来水打入柱中清洗。

（5）配制各种不同浓度的混合液，分别利用 2 号、3 号、4 号柱重复上述实验，最好有 6 次以上。配制混合液浓度在 1.5 ~ 10 g/L。

表 5-10　成层沉淀实验数据记录表

沉淀时间/min	浑液面位置/cm	浑液面高度/cm

五、实验基本参数整理

（1）在界面高度与时间关系曲线上绘制出所有浓度的成层沉淀曲线的直线部分。

（2）利用界面高度-时间曲线的直线部分计算界面沉淀速度 u_i 和重力固体通量 G_g。

（3）已污泥质量浓度 c 为横坐标、G_g 为纵坐标，作重力沉降固体通量曲线。

六、注意事项

（1）向沉淀柱进水时，速度要适中。既要较快进完水，以防进水过程柱内形成浑液面；又要防止速度过快造成柱内水体紊动，影响实验结果。

（2）第一次成层沉淀实验，污泥浓度要与设计曝气池混合液浓度一致，且沉淀时间要尽可能长一些，最好在 1.5 h 以上。

七、思考题

（1）观察实验现象，注意成层沉淀不同于前述两种沉淀的地方并分析原因。

（2）多筒测定与单筒测定的 u-c 曲线有何区别？为什么？

（3）简述成层沉淀实验的重要性并说明其如何应用到二沉淀的设计中。

（4）实验设备、实验条件对实验结果有何影响？为什么？如何才能得到正确的结果并用于生产之中？

习 题

一、填空

1. 强酸性苯乙烯系阳离子交换树脂的强酸基团_____中的 H 遇水电离形成离子，可以交换。

2. 强酸性阳离子交换树脂交换容量测定前需经过_____，即经过_____轮流浸泡，以去除树脂表面的_____。

3. 测定阳离子交换树脂容量常采用_____，用_____做指示剂。

4. 钠离子型交换树脂用_____再生，氢离子型交换树脂用_____或再生。

5. 钠离子型交换树脂的最大优点是不出_____水，但不能_____；氢离子型交换树脂能去除_____，但出_____水。

6. 间歇式活性污泥法，又称_____，是一种不同于传统的_____的活性污泥处理工艺。

7. SBR 工作过程通常包括 5 个阶段：_____、_____、_____、_____、_____。

8. 最常见的吸附等温方程是_____和_____吸附等温方程。

9. 常用的吸附动力学方程有_____吸附动力学方程和_____吸附动力学方程。

10. 影响 Fenton 氧化实验的主要因素是_____、_____和_____。

11. 亚甲基蓝溶液用分光光度法测定时的波长是_____nm。

12. 利用 Design-Expert 8.0 软件，按照 BBD 设计三因素三水平共____个实验点的实验方案。

13. 活性污泥的性质是指____、____和____。

14. 根据作用机理不同，吸附可分为____和____两种形式。

15. 胶粒间的_____、_____及胶粒表面的_____，使得天然水体中胶粒具有分散稳定性，

16. 悬浮物在水中的沉淀可分为四种基本类型：____、____、____和____。

17. 最常用的过滤介质有____，____，磁铁矿等。

18. 曝气方法可分为____曝气和____曝气两大类。

19. 一般采用_____和_____两个指标来表示有机物的含量。

20. 快滤池滤料层能截留粒径比滤料空隙率小的水中的杂质，主要通过接触絮凝作用，其次为_____和_____。

21. _____氯消毒效果不如_____氯。

22. 颗粒自由沉淀实验中，取样前，一定要记录柱中_____。

23. 写出系列缩写的中文含义：BOD_____；SBR_____。

二、判断题

1. 测定强酸性阳离子交换树脂交换容量时，进行滴定至微红色 15 s 不褪，即为终点。（　　）

2. 一般来说，流速越大，离子交换软化出水硬度越大。（　　）

3. SBR 工艺作为活性污泥法的一种，其去除有机物的机理与传统的活性污泥法相同。（　　）

4. SBR 工艺作为活性污泥法，与传统的活性污泥法运行方式不同。（　　）

5. 强酸性阳离子交换树脂交换容量测定时用酚酞做指示剂。（　　）

6. 重铬酸钾法测定 COD 时，滴定终点颜色为红褐色。（　　）

7. 比较正交表中各因素的极差 R 值的大小，可排出因素的主次关系。（　　）

8. 正交表中比较同一因素下各水平的效应值，可以确定最佳生产运行条件。（　　）

9. 变异系数可反映数据相对波动的大小。（　　）

10. 回归分析是用来分析、解决两个或多个变量间数量关系的一个有效工具。（　　）

11. K_{80} 越大，表示粗细颗粒尺寸相差越大，滤料粒径越不均匀，这样的滤料对过滤及反冲洗不利。（　　）

12. 余氯比色中，水样先投加邻联甲苯胺溶液，再投加亚砷酸钠溶液，2 min 后水样显示游离余氯与干扰性物质迅速混合后所产生的颜色。（　　）

13. 钠离子型交换树脂的最大优点是不出酸性水，但不能脱碱（HCO_3^-）；氢离子型交换树脂能去除碱度，但出酸水。（　　）

14. 钠离子型交换树脂的再生用浓度为 10% 的氯化钠再生液。（　　）

15. 颗粒自由沉淀实验是研究浓度较稀的单颗粒的沉淀规律。（　　）

16. 待曝气的水以无水亚硫酸钠为脱氧剂，以氯化钴为催化剂进行脱氧。（　　）

17. 离子交换器反洗的目的是松动树脂。（　　）

18. 絮凝沉淀在沉淀过程中颗粒互相不干扰。（　　）

19. 离子交换树脂的交联度值越小，树脂的机械强度越大，溶胀性越大。（　　）

20. 颗粒自由沉淀过程中，$U_s > U_i$ 的那一部分颗粒都能沉到柱底。（　　）

21. 折点加氯消毒中，游离性余氯比化合性余氯的消毒效果好。（　　）

22. SBR 工艺作为活性污泥法的一种，其去除有机物的机理与传统的活性污泥法相同。（　　）

23. 曝气充氧过程属于传质过程，其传递机理为双膜理论。（　　　）

24. COD 测定中，加入掩蔽剂的作用是消除 F^- 的干扰。（　　　）

25. 活性污泥的活性是指吸附性能、生物降解能力和污泥凝聚沉淀性能。（　　　）

26. 强酸性阳离子交换树脂预处理采用强酸多次浸泡即可。（　　　）

27. 污泥比阻越大，污泥越不容易脱水。（　　　）

28. 一般来说，离子交换软化实验中，运行流速越大，出水硬度越小。（　　　）

29. Carrousel 氧化沟具备脱氮除磷的功能。（　　　）

30. 树脂的预处理需用酸、碱轮流浸泡，酸碱互换时用去离子水进行洗涤。（　　　）

31. 絮凝沉淀实验是研究浓度较稀的絮状颗粒的沉淀规律。（　　　）

32. 测定强酸性阳离子交换树脂的交换容量时，滴定终点溶液成微蓝色。（　　　）

33. 混凝沉淀实验中，搅拌速度是先慢后快。（　　　）

34. 过滤实验中，冲洗强度需满足底部滤层恰好膨胀的要求。（　　　）

35. K_{80} 反映滤料中细颗粒尺寸，d_{10} 反映粗颗粒尺寸。（　　　）

36. SBR 工艺作为活性污泥法，与传统的活性污泥法运行方式不同。（　　　）

37. 次氯酸根及次氯酸均有消毒作用，但前者消毒效果较好。（　　　）

三、选择题

1. 滤池运行一段时间，当水头损失达到一定值时就应进行（　　　）操作。
   （A）正洗　　　　　　　　　　（B）反洗
   （C）排污　　　　　　　　　　（D）大量水冲洗

2. 离子交换树脂的（　　　）是离子交换树脂可以反复使用的基础。
   （A）可逆性　　　（B）再生性　　　（C）酸碱性　　　（D）选择性

3. 混凝处理的目的主要是除去水中的胶体和（　　　）。
   （A）悬浮物　　　（B）有机物　　　（C）沉淀物　　　（D）无机物

4. 颗粒在沉沙池中的沉淀属于（　　　）。
   （A）自由沉淀　　　　　　　　（B）絮凝沉淀
   （C）拥挤沉淀　　　　　　　　（D）压缩沉淀

5. 下列说法不正确的是（　　　）。
   （A）HOCl 和 OCl^- 均有消毒作用
   （B）HOCl、OCl^- 中的氯称游离性氯
   （C）HOCl 氧化能力比 OCl^- 强
   （D）HOCl、OCl^- 中的氯称化合性氯

6. 对应处理对象选择处理方法，悬浮物（　　　），细菌（　　　），色素（　　　）。
   （A）活性炭吸附　　　　　　　（B）漂白粉
   （C）超滤　　　　　　　　　　（D）过滤

7. 下列不属于水中杂质存在状态的是（　　　）。

（A）悬浮物　　　　（B）胶体　　　　（C）溶解物　　　　（D）沉淀物

8. 自由沉淀污水中悬浮物浓度不高，而且不具有（　　　）性能。

（A）吸附　　　　（B）凝聚　　　　（C）沉降　　　　（D）其他

9. 混凝处理的目的主要是除去水中的胶体和（　　　）。

（A）悬浮物　　　　（B）有机物　　　　（C）沉淀物　　　　（D）无机物

10. 氧化沟的运行方式是（　　　）。

（A）平流式　　　　　　　　　　（B）推流式

（C）循环混合式　　　　　　　　（D）完全混合式

11. COD 的测定方法用（　　　）。

（A）氧化还原法　　　　　　　　（B）沉淀法

（C）重量法　　　　　　　　　　（D）其他

12. 水中颗粒大的沉淀分为（　　　）。

（A）自由沉淀

（B）自由沉淀、絮凝沉淀

（C）自由沉淀、絮凝沉淀、拥挤沉淀

（D）自由沉淀、絮凝沉淀、拥挤沉淀、压缩沉淀

13. 不属于胶体稳定的原因的是（　　　）。

（A）漫射　　　　　　　　　　（B）布朗运动

（C）带电　　　　　　　　　　（D）水化膜

14. 下列不属于混凝机理的是（　　　）。

（A）网捕作用　　　　　　　　（B）压缩双电层作用

（C）吸附作用　　　　　　　　（D）吸附架桥作用

15. 测定强酸性阳离子交换树脂交换容量时用到的指示剂是（　　　）。

（A）酚酞　　　　　　　　　　（B）试亚铁灵

（C）铬黑 T

四、简答题

1. 简述强酸性阳离子交换树脂的预处理。

2. 简述 SBR 法的优点。

3. SBR 工艺被称为序批间歇式的两个含义是什么？

4. 解释拟一级吸附动力学方程 $\dfrac{1}{q_t} = \dfrac{K_1}{q_e t} + \dfrac{1}{q_e}$ 中各参数的含义。

5. 解释拟二级吸附动力学方程 $\dfrac{t}{q_t} = \dfrac{t}{q_e} + \dfrac{1}{K_2 q_e^2}$ 中各参数的含义。

6. 什么是吸附等温线？

7. 解释 Langmuir 吸附等温方程 $\dfrac{C_e}{q_e}=\dfrac{1}{q_m}C_e+\dfrac{1}{bq_m}$ 中各参数的含义。

8. 解释 Freundlich 吸附等温方程 $\lg q_e=\dfrac{1}{n}\lg C_e+\lg K_F$ 中各参数的含义。

9. 解释正交表 $L_4(2^3)$ 各符号的含义。

10. 说明胶粒的分散稳定性及混凝的机理。

11. 在混凝沉淀实验中，对混合阶段和反应阶段有何要求？

12. 在混凝沉淀实验中，如何确定最小投药量和最大投药量？

13. 解释过滤实验的原理。

14. 解释折点加氯实验的原理，并画出折点加氯曲线。

15. 简述离子交换软化实验的实验步骤。

16. 颗粒自由沉淀实验中有哪些需要注意的事项？

17. 絮凝沉淀和颗粒自由沉淀之间有何区别？

18. 评价曝气设备充氧能力的指标有哪些？

19. 写出活性炭的吸附量的计算公式。

20. 解释紫外光-双氧水脱色的机理。

21. 已知活性污泥的 SV（%）和 MLSS（g/L），试计算 SVI（mL/g）。

22. Fenton 氧化实验的影响因素有哪些？有什么样的影响？

23. 写出吸附容量的计算公式并解释各个参数的含义。

24. 简述曝气充氧的基本原理。

25. 离子交换软化实验中，如何对交换柱进行清洗？

26. 简述密封催化快速消解法测定 COD 的基本原理。

27. 影响污泥脱水的因素有哪些？

五、问答题

1. 离子交换树脂软化实验的原理。

2. 画出 Carrousel 氧化沟的平面图，标出进、出水口，水流方向等。

3. 描述粉末活性炭吸附亚甲基蓝吸附动力学实验步骤，亚甲基蓝初始浓度为 50 mg/L。

4. 描述粉末活性炭吸附亚甲基蓝吸附等温线实验步骤，亚甲基蓝初始浓度为 50 mg/L。

5. 论述 Fenton 氧化法的主要原理，写出主要的反应式。

6. 什么叫折点加氯？出现折点的原因是什么？画图说明。

7. 画出颗粒自由沉淀中的 $P\text{-}u$ 关系曲线，并写出工程中计算去除率的公式及公式中各字母代表的意义。

8. 絮凝沉降的等效曲线如图 5-10 所示：计算沉降时间 $t = 55\,\text{min}$ 时悬浮物的总去除率 E。

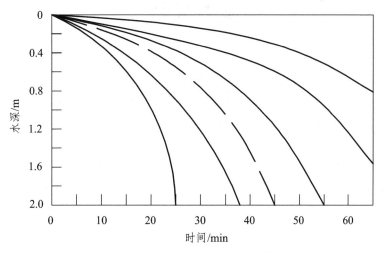

图 5-10　絮凝沉降的等效曲线

9. 水的混凝过程对工艺条件有哪些要求，为什么？

10. 写出下列两个方程的线性形式：

$$q_e = \frac{K_L q_m C_e}{1 + K_L C_e}\,,\quad q_e = K_F C_e^{1/n}$$

11. 简述 SBR 工艺的工作原理，并说明该工艺具有哪些特点。

12. 论述影响混凝效果的主要因素。

参考文献

[1]　高廷耀. 水污染控制工程（下册）[M]. 3 版. 北京：高等教育出版社，2007.

[2]　成官文. 水污染控制工程实验教学指导书[M]. 北京：化学工业出版社，2013.

[3]　彭党聪. 水污染控制工程实践教程[M]. 2 版. 北京：化学工业出版社，2010.

[4]　陈泽堂. 水污染控制工程实验[M]. 北京：化学工业出版社，2010.

[5]　吴俊奇，李燕城. 水处理实验技术[M]. 3 版. 北京：中国建筑工业出版社，2008.

[6]　樊青娟，刘广立. 水污染控制工程实验教程[M]. 北京：化学工业出版社，2009.

[7]　胡洪营，张旭，黄霞. 环境工程原理[M]. 2 版. 北京：高等教育出版社，2011.

[8]　常青. 处理絮凝学[M]. 北京：化学工业出版社，2003.

附　录

附录 A　常用正交表

表 A.1　$L_4(2^3)$

列号 试验号	1	2	3
1	1	1	1
2	1	2	2
3	2	1	2
4	2	2	1

表 A.2　$L_8(2^7)$

列号 试验号	1	2	3	4	5	6	7
1	1	1	1	1	1	1	1
2	1	1	1	2	2	2	2
3	1	2	2	1	1	2	2
4	1	2	2	2	2	1	1
5	2	1	2	1	2	1	2
6	2	1	2	2	1	2	1
7	2	2	1	1	2	2	1
8	2	2	1	2	1	1	2

表 A.3　L$_{12}$(2^{11})

列号 试验号	1	2	3	4	5	6	7	8	9	10	11
1	1	1	1	1	1	1	1	1	1	1	1
2	1	1	1	1	1	2	2	2	2	2	2
3	1	1	2	2	2	1	1	1	2	2	2
4	1	2	1	2	2	1	2	2	1	1	2
5	1	2	2	1	2	2	1	2	1	2	1
6	1	2	2	2	1	2	2	1	2	1	1
7	2	1	2	2	1	1	2	2	1	2	1
8	2	1	2	1	2	2	2	1	1	1	2
9	2	1	1	2	2	2	1	2	2	1	1
10	2	2	2	1	1	1	1	2	2	1	2
11	2	2	1	2	1	2	1	1	1	2	2
12	2	2	1	1	2	1	2	1	2	2	1

表 A.4　L$_9$(3^4)

列号 试验号	1	2	3	4
1	1	1	1	1
2	1	2	2	2
3	1	3	3	3
4	2	1	2	3
5	2	2	3	1
6	2	3	1	2
7	3	1	3	2
8	3	2	1	3
9	3	3	2	1

表 A.5 $L_{16}(4^5)$

列号 试验号	1	2	3	4	5
1	1	1	1	1	1
2	1	2	2	2	2
3	1	3	3	3	3
4	1	4	4	4	4
5	2	1	2	3	4
6	2	2	1	4	3
7	2	3	4	1	2
8	2	4	3	2	1
9	3	1	3	4	2
10	3	2	4	3	1
11	3	3	1	2	4
12	3	4	2	1	3
13	4	1	4	2	3
14	4	2	3	1	4
15	4	3	2	4	1
16	4	4	1	3	2

表 A.6 $L_{25}(5^6)$

列号 试验号	1	2	3	4	5	6
1	1	1	1	1	1	1
2	1	2	2	2	2	2
3	1	3	3	3	3	3
4	1	4	4	4	4	4
5	1	5	5	5	5	5
6	2	1	2	3	4	5
7	2	2	3	4	5	1
8	2	3	4	5	1	2
9	2	4	5	1	2	3

列号 试验号	1	2	3	4	5	6
10	2	5	1	2	3	4
11	3	1	3	5	2	4
12	3	2	4	1	3	5
13	3	3	5	2	4	1
14	3	4	1	3	5	2
15	3	5	2	4	1	3
16	4	1	4	2	5	3
17	4	2	5	3	1	4
18	4	3	1	4	2	5
19	4	4	2	5	3	1
20	4	5	3	1	4	2
21	5	1	5	4	3	2
22	5	2	1	5	4	3
23	5	3	2	1	5	4
24	5	4	3	2	1	5
25	5	5	4	3	2	1

表 A.7 $L_8(4 \times 2^4)$

列号 实验号	1	2	3	4	5
1	1	1	1	1	1
2	1	2	2	2	2
3	2	1	1	2	2
4	2	2	2	1	1
5	3	1	2	1	2
6	3	2	1	2	1
7	4	1	2	2	1
8	4	2	1	1	2

表 A.8　$L_{12}(3 \times 2^4)$

列号 试验号	1	2	3	4	5
1	1	1	1	1	1
2	1	1	1	2	2
3	1	2	2	1	2
4	1	2	2	2	1
5	2	1	2	1	1
6	2	1	2	2	2
7	2	2	1	2	2
8	2	2	1	2	2
9	3	1	2	1	2
10	3	1	1	2	1
11	3	2	1	1	2
12	3	2	2	2	1

表 A.9　$L_{16}(4^4 \times 2^3)$

列号 试验号	1	2	3	4	5	6	7
1	1	1	1	1	1	1	1
2	1	2	2	2	1	2	2
3	1	3	3	3	2	1	2
4	1	4	4	4	2	2	1
5	2	1	2	3	2	2	1
6	2	2	1	4	2	1	2
7	2	3	4	1	1	2	2
8	2	4	3	2	1	1	1
9	3	1	3	4	1	2	2
10	3	2	4	3	1	1	1
11	3	3	1	2	2	2	1
12	3	4	2	1	2	1	2
13	4	1	4	2	2	1	2
14	4	2	3	1	2	2	1
15	4	3	2	4	1	1	1
16	4	4	1	3	1	2	2

附录 B 氢氧化钠溶液浓度的标定

在分析天平上准确称取 3 份已在 105 ~ 110 °C 烘过 2 h 的基准物质邻苯二甲酸氢钾 0.4 ~ 0.6 g，置于 250 mL 锥形瓶中，各加 25 mL 煮沸后刚刚冷却的水使之溶解（如没有完全溶解，可稍微加热）。冷却后滴加 2 滴酚酞指示剂，用欲标定的 NaOH 溶液滴定至溶液由无色变为微红色 30 s 不消失即为终点。记下 NaOH 溶液消耗的体积（表 B.1）。要求 3 份标定的相对平均偏差应小于 0.2%。

表 B.1 NaOH 溶液的标定

实验项目	1	2	3
邻苯二甲酸氢钾用量/g			
NaOH 溶液的用量/mL			
NaOH 溶液的浓度/（mol/L）			
NaOH 溶液的平均浓度/（mol/L）			
相对标准偏差/%			

附录 C　自来水总硬度的测定

准确量取 100.00 mL 自来水于 250 mL 锥形瓶中，加入 6 mL 三乙醇胺溶液、20 mL NH₃-NH₄Cl 缓冲溶液、6 滴铬黑 T 指示剂，用 0.01 mol/L EDTA 标准溶液滴定至溶液由红色变为纯蓝色为终点，记录 0.01 mol/L EDTA 标准溶液用量（表 C.1）。平行滴定 3 次。

表 C.1　自来水总硬度的测定

序　号	1	2	3
自来水体积/mL	100.00		
EDTA 浓度/(mol/L)			
EDTA 体积/mL			
硬度/(mg/L)			
平均硬度/(mg/L)			
相对标准偏差/%			

附录 D 余氯标准比色溶液的配制

1．邻联甲苯氨溶液

称取 1 g 邻联甲苯氨，溶于 5 mL 20% 盐酸中（浓盐酸 1 mL 稀释至 5 mL），将其调成糊状，投加 150～200 mL 蒸馏水使其完全溶解，置于量筒中，补加蒸馏水至 505 mL，最后加入 20% 盐酸 495 mL，共 1 L。此溶液放在棕色瓶内，置于冷暗处保存，温度不得低于 0 ℃，以免产生结晶影响比色；也不要使用橡皮筋。该溶液最多能使用半年。

2．亚砷酸钠溶液

称取 5 g 亚砷酸钠，溶于蒸馏水中，稀释至 1 L。

3．磷酸盐缓冲溶液

将分析纯的无水磷酸氢二纳（Na_2HPO_4）和分析纯无水磷酸二氢钾（KH_2PO_4）放在 105～110 ℃ 烘箱内，2 h 后取出，放在干燥器内冷却。前者称取 22.86 g，后者称取 46.14 g，将此两者同溶于蒸馏水中，稀释至 1 L。至少静止 4 d，等其中沉淀物析出后过滤。取滤液 800 mL，加蒸馏水稀释至 4 L，即得磷酸盐缓冲液 4 L。此溶液的 pH 值为 6.45。

4．铬酸钾-重铬酸钾溶液

称取 4.65 g 分析纯干燥铬酸钾（K_2CrO_4）和 1.55 g 分析纯干燥重铬酸钾（$K_2Cr_2O_7$），溶于磷酸盐缓冲溶液中，并用磷酸盐缓冲液稀释至 1 L，即得。此溶液相当于 10 mg/L 余氯与邻联甲苯氨所产生的颜色。

5．余氯标准比色溶液

按表 D-1 取所需的铬酸钾-重铬酸钾溶液，用移液管加到 100 mL 比色管中，再用磷酸盐缓冲液稀释至刻度，记录其相当于氯的量（mg/L），即得余氯标准比色溶液。

表 D-1　余氯标准比色溶液的配制

氯/（mg/L）	铬酸钾-重铬酸钾溶液体积/mL	氯/（mg/L）	铬酸钾-重铬酸钾溶液体积/mL
0.01	0.1	0.80	8.0
0.02	0.2	0.90	9.0
0.05	0.5	1.00	10.0
0.07	0.7	2.00	19.7
0.10	1.0	3.00	29.0
0.15	1.5	4.00	39.0
0.20	2.0	5.00	48.0
0.30	3.0	6.00	58.0
0.40	4.0	7.00	68.0
0.50	5.0	8.00	77.5
0.60	6.0	9.00	87.0
0.70	7.0	10.00	97.0

附录 E　氨氮的测定——纳氏试剂分光光度法

一、试剂

（1）铵标准贮备溶液：称取 3.819 g 经 100 ℃ 干燥过的优级纯氯化氨（NH_4Cl）溶于水中，移入 1000 mL 容量瓶中，稀释至标线。此溶液每毫升含 1.0 mg 氨氮。

（2）铵标准使用溶液：移取 5.00 mL 铵标准贮备液于 500 mL 容量瓶中，用水稀释至标线。此溶液每毫升含 0.010 mg 氨氮。

（3）酒石酸钾钠溶液 100 mL：称取 50 g 化学纯酒石酸钾钠溶于 100 mL 蒸馏水中，加热煮沸以除去氨。冷却后，用蒸馏水定容至 100 mL。

（4）碘化汞钾溶液 1 L：称取 160 g 氢氧化钠，溶于 500 mL 蒸馏水中，充分冷却至室温。称取 70 g 分析纯碘化钾和 100 g 分析纯碘化汞，溶于少量蒸馏水中，然后将此溶液在搅拌下徐徐注入氢氧化钠溶液中，用蒸馏水稀释至 1 L，贮于聚乙烯瓶中，密塞保存。

二、步骤

1．校准曲线的绘制

吸取 0、0.50、1.00、3.00、5.00、7.00 和 10.00 铵标准使用液于 50 mL 比色管中，加水至标线，加 1.0 mL 酒石酸钾钠溶液，混匀。加 1.5 mL 纳氏试剂，混匀。放置 10 min 后，在波长 420 nm 处，用光程 20 mm 比色皿，以水为参比，测量吸光度。

2．水样的测定

分取适量经絮凝沉淀预处理后的水样（使氨氮含量不超过 0.1 mg），加入 50 mL 比色管中，稀释至标线，加 1.0 mL 酒石酸钾钠溶液，以下同校准曲线的绘制。

3．空白试验

以无氨水代替水样，做全程序空白测定。

三、计算

由水样测得的吸光度减去空白试验的吸收度后，从校准曲线上查得氨氮含量（mg）。

$$氨氮(以 N 计)(mg / L) = \frac{m}{V \times 1000}$$

式中　m——由校准曲线查得的氨氮量，mg；

　　　V——水样体积，mL。

附录 F　COD 的测定——快速消解法

1．COD 测定所需试剂的配制

COD 贮备液：称取 0.4251 g 邻苯二甲酸氢钾用重蒸馏水溶解后，转移至 500 mL 容量瓶中，用重蒸馏水稀释至标线。此贮备液 COD 浓度为 1000 mg/L。

掩蔽剂：称取 10.0 g 分析纯 $HgSO_4$，溶解于 100 mL 硫酸（10%）中，配成掩蔽剂，待用。

Ag_2SO_4-H_2SO_4 催化剂：称取 4.4 g 分析纯 Ag_2SO_4，溶解于 500 mL 浓硫酸中。

消解液：称取 9.8 g 重铬酸钾、25.0 g 硫酸铝钾、5 g 钼酸铵，溶于 250 mL 水中，加入 100 mL 浓硫酸，冷却后，转移至 500 mL 容量瓶中，用水稀释至标线。该溶液重铬酸钾浓度约为 0.20 mol/L（$C = 1/6K_2Cr_2O_7$）。

2．测定原理

在强酸性条件下，加入一定量的重铬酸钾为氧化剂，在催化剂 Ag_2SO_4-H_2SO_4 及助催化剂硫酸铝钾与钼酸铵作用下（如果水样中含有氯离子，则需要加入掩蔽剂 $HgSO_4$），置于具密封塞的加热管里，放入 165 ℃ 的恒温加热器中加热 10 min，重铬酸钾被水中的还原性物质还原为三价铬，用分光光度计在波长 610 nm 处测定三价铬的含量，然后根据三价铬离子的量换算成所消耗氧的质量浓度。

3．选择合适的消解液

因为水样的化学需氧量的值有高有低，所以在消解时需要选择不同浓度的重铬酸钾消解液来进行消解。根据表 F.1 进行消解液的选择。

表 F.1　不同 COD 值的水样选择的重铬酸钾消解液浓度

COD 值/（mg/L）	<50	50～1000	1000～2500
消解液中重铬酸钾浓度/（mol/L）	0.05	0.20	0.40

4．实验步骤

（1）COD 标准曲线的绘制：分别取上述配制的 COD 贮备液 5 mL，10 mL，20 mL，40 mL，60 mL，80 mL 于 100 mL 容量瓶中，然后加水稀释至标线，定容。即可得到 COD 浓度分别为 50 mg/L，100 mg/L，200 mg/L，400 mg/L，600 mg/L，800 mg/L 以及原液为 1000 mg/L 的标准使用液系列。然后准确先加入 1 mL 掩蔽剂，摇匀，接着分别加入 1 mL 消解液，迅速摇匀，再加入 5 mL 催化剂，旋紧密封盖，混匀。在此以前需提前将加热器接通电源，等到温度达到 165 ℃ 时，再将加热管置于加热器中，打开计时开关，当液体也达到 165 ℃ 时，加热器会自动复零计时。待加热器工作 10 min后会自动报时。消解完成后，取出加热管，先自然冷却 2 min，然后水冷到室温。打开加热管的密封盖，用吸量管准确加入 2 mL 蒸馏水，旋紧密封盖，摇匀后将其冷却，然后将溶液倒入 1 cm 比色皿中，在波长 610 nm 处以试剂空白作为参比，测定吸光度（注：在使用分光光度计前需先预热 20 min，然后用蒸馏水进行调零）。用所测得的吸光度，减掉空白实验管的吸光度之后，得到校正的吸光度，再绘制以 COD 对校正之后吸光度的标准曲线，并得出回归方程式。

（2）样品的测定：用吸量管准确吸取 3 mL 水样，置于 15 mL 具密封塞的加热管中，然后加 1 mL 掩蔽剂，立即摇匀。然后再加入 1 mL 消解液迅速摇匀，最后加 5 mL催化剂。旋紧密封塞混匀，然后将加热管放置在加热器内进行消解，消解之后的操作与标准曲线绘制的操作完全相同，测量，读取吸光度。

（3）计算：用水样所测得的吸光度减掉空白实验的吸光度后，根据标准曲线查得COD 值。

附录 G 色度的测定——稀释倍数法

（1）分别取水样（工业废水）和无色水于 50 mL 具塞比色管中，加至标线，将具塞比色管放在白色表面上，垂直向下观察液柱，比较样品和无色水，描述样品呈现的色度和色调（如果可能包括透明度）。

（2）将水样用无色水逐级稀释成不同倍数，分别置于 50 mL 具塞比色管中，加至标线。将具塞比色管放在白色表面上，用上述相同的方法与无色水进行比较。将水样稀释至刚好与无色水无法区别为止，记下此时的稀释倍数。

稀释的方法：水样的色度在 50 倍以上时，用移液管计量吸取试样于容量瓶中，用无色水稀释至标线，每次取大的稀释比，使稀释后色度在 50 倍之内。

水样的色度在 50 倍以下时，在具塞比色管中取试样 25 mL，用无色水稀释至标线，每次稀释倍数为 2。

记下各次稀释倍数值，将逐级稀释的各次倍数相乘，所得之积取整数值，以此表达样品的色度。同时用文字描述样品的颜色深浅、色调（如果可能，包括透明度）。在报告样品色度的同时，报告 pH 值。

附录 H　各种温度下饱和溶解氧对照表

表 H.1　各种温度下饱和溶解氧对照表

温度/°C	溶解氧/（mg/L）	温度/°C	溶解氧/（mg/L）	温度/°C	溶解氧/（mg/L）
0	14.62	11	11.08	22	8.83
1	14.23	12	10.83	23	8.63
2	13.84	13	10.60	24	8.53
3	13.48	14	10.37	25	8.38
4	13.13	15	10.15	26	8.22
5	12.80	16	9.95	27	8.07
6	12.48	17	9.74	28	7.92
7	12.17	18	9.54	29	7.77
8	11.87	19	9.35	30	7.63
9	11.59	20	9.17		
10	11.33	21	8.99		